普通高等教育智能制造系列教材

工业机器人操作与编程

陈东伟　黄　岚　高玉梅　编著

机械工业出版社

在如今这个发展迅速的时代,工业机器人逐步进入大众的工作和生活当中,随着自动化、智能化技术的应用,发展工业机器人技术已经成为当今社会的趋势。本书以AUBO工业机器人为例,主要介绍工业机器人的操作与编程。全书共8章,分别是:工业机器人简述、工业机器人安全、工业机器人结构及安装、工业机器人外围设备、机器人示教盒操作、机器人基础编程、基础编程实训、高级编程应用。本书内容连贯,采用了大量的工业机器人实训和应用案例,可以使读者对机器人的相关知识有一个比较清晰的概念。本书每章最后均设有习题,可使读者更加充分地理解各章节内容,锻炼应对实际应用问题时的知识运用能力。

本书针对AUBO-i系列机器人,从设备安装、指令介绍、编程调试到集成应用、高级编程都做了系统地介绍,同时以方源智能(北京)科技有限公司的机器人技术实训平台为载体,对机器人编程进行实际应用讲解。本书可用作机械电子、自动化、计算机、机器人等专业的课程教材,也可供机器人领域的科研和工程技术人员学习和参考。

图书在版编目(CIP)数据

工业机器人操作与编程/陈东伟,黄岚,高玉梅编著. —北京:机械工业出版社,2020.10(2025.1重印)
普通高等教育智能制造系列教材
ISBN 978-7-111-66756-8

Ⅰ.①工… Ⅱ.①陈… ②黄… ③高… Ⅲ.①工业机器人-操作-高等学校-教材②工业机器人-程序设计-高等学校-教材 Ⅳ.①TP242.2

中国版本图书馆CIP数据核字(2020)第190125号

机械工业出版社 (北京市百万庄大街22号 邮政编码100037)
策划编辑:徐鲁融 责任编辑:徐鲁融
责任校对:李 杉 封面设计:张 静
责任印制:常天培
北京机工印刷厂有限公司印刷
2025年1月第1版第5次印刷
184mm×260mm·8.75印张·215千字
标准书号:ISBN 978-7-111-66756-8
定价:29.80元

电话服务 网络服务
客服电话:010-88361066 机 工 官 网:www.cmpbook.com
010-88379833 机 工 官 博:weibo.com/cmp1952
010-68326294 金 书 网:www.golden-book.com
封底无防伪标均为盗版 机工教育服务网:www.cmpedu.com

前　言

机器人的研发、制造和应用是衡量一个国家科技创新和高端制造业水平的重要标志。其中，高端制造装备正是以工业机器人为典型代表。工业机器人可以说是先进制造业中不可替代的重要装备和手段，也是战略性新兴产业的重点发展方向。目前，我国已成为全球最大的机器人市场，在《中国制造2025》《机器人产业发展规划（2016~2020年）》等多部重要国家规划中都出现了鼓励大力发展机器人产业的内容，工业机器人技术正被广泛推广和应用。

工业机器人的发展已有60多年的历史。随着工业机器人的不断发展，其应用范围覆盖了制造业、农业生产、医疗服务、国防军事等领域。目前，世界上越来越多的国家在机器人发展中投入了大量的人力、物力并将机器人产业作为战略产业，工业机器人在未来的工程化、产业化方面将会有重大突破。正是由于机器人应用领域的不断扩大，需要越来越多的从事工业机器人研究、开发和创新的人才，也需要更多懂得工业机器人应用技术的人才。所以，本书旨在提高工业机器人相关专业学生的机器人技术水平，帮助广大读者尽快了解和掌握工业机器人的相关应用知识。

本书共8章，涉及工业机器人的概况、安全预警、结构及安装操作、示教模式的编程、操作和实训等内容。每一章都以AUBO工业机器人为例，图文并茂，概念清晰。在编写风格和文字叙述上力求做到重点突出、简洁明了、通俗易懂。本书还结合各章知识点，精心选编了一定数量的习题，以便学习者融会贯通，提高分析和解决问题的能力。本书从第3章开始，在内容上编排了相应的AUBO工业机器人实训案例，强调机器人操作的实用性。

本书的编写和出版，得到了遨博（北京）智能科技有限公司北京研发中心团队、方源智能（北京）科技有限公司技术中心唐冬冬团队的大力支持和帮助，并参考了一些机器人技术理论方面的书籍和文献，在此一并表示诚挚的谢意。

随着机器人技术发展的日新月异，加之编者水平和时间有限，书中难免有不妥之处，诚恳希望广大读者不吝赐教和批评指正。

编　者

目　　录

第1章 工业机器人简述

 知识目标

✓ 了解工业机器人发展概况。

✓ 了解机器人定义及分类。

✓ 分析工业机器人的未来发展方向。

 技能目标

✓ 掌握机器人的分类方法和工业应用。

✓ 掌握工业机器人发展趋势及方向。

1.1 机器人定义及分类

1.1.1 机器人定义

随着现代机器人技术的飞速发展，机器人所涵盖的内容越来越丰富，新的机型、新的功能在不断涌现，但至今对于机器人仍没有一个统一、严格、准确的定义。

广义上讲，机器人就是充分应用各种技术，在现实世界起各种作用的智能化系统。但各国科学家从不同的角度出发，给出的定义有所不同。

1967年，日本召开的第一届机器人学术会议提出了两个具有代表性的定义。一是森政弘与合田平提出的：机器人是一种具有移动性、个体性、智能性、通用性、半机械半人性、自动性、随动性七个特征的柔性机器。二是"仿人机器人之父"加藤一郎提出的满足如下所述的三个条件的机器称为机器人。

1）具有脑、手、脚三要素的个体。

2）具有非接触传感器（用眼、耳接收远方信息）和接触传感器。

3）具有平衡觉和固有觉的传感器。

加藤一郎强调了机器人应当仿人的含义，即应由脑统一指挥手进行作业，指挥脚实现移动。1969年，加藤实验室研发出第一台双脚走路机器人，如图1-1所示。

1987年，国际标准化组织对工业机器人进行了定义：工业机器人是一种能实现自动控制下的操作和移动功能，能完成各种作业的可编程操作机。

1988年，法国的埃斯皮奥将机器人学定义为：机器人学是指设计能根据传感器信息实

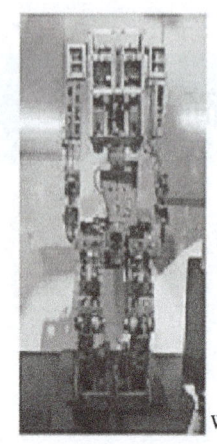
WABOT-1

WABOT-2

图 1-1　双脚走路机器人

现预先规划好的作业的系统，并以此系统的使用方法作为研究对象的学科。

我国科学家对机器人的定义是：机器人是一种自动化的机器，它具备一些与人或生物相似的智能，如感知能力、规划能力、动作能力和协同能力，是一种具有高度灵活性的自动化机器。

国际标准化组织对机器人的特征定义如下。

1）仿生特征：动作机构具有类似于人或其他生物体的某些器官的功能。

2）柔性特征：机器人作业具有广泛的适应性，适用于多种工作，作业程序灵活。

3）智能特征：机器人具有一定程度的人类智能，如记忆、感知、推理、决策、学习等。

4）自动特征：完整的机器人系统，能够独立、自动完成作业任务，不依赖人的干预。

1.1.2　机器人分类

关于机器人的分类方法，国际上并没有统一的标准，可以按负载量分类，也可以按控制方式分类，还可以按自由度分类，总之，从不同角度有不同的分类方法。下面介绍几种具有代表性的机器人分类方法。

1. 按机器人的技术发展水平分类

（1）第一代机器人　第一代机器人只能按照预先示教的轨迹、行为等进行重复作业，属于示教-再现型机器人。该类机器人的示教方式有两种：一种是由操作人员抓握机器人末端示范轨迹，机器人记录并重复；另一种是操作人员通过示教盒上的按钮控制机器人一步一步地运动，机器人记录并重复。

（2）第二代机器人　第二代机器人具有环境感知装置，通过传感器感知周围环境，凭借反馈控制自适应能力来改变当前位置或姿态，可以在一定程度上适应环境变化。

（3）第三代机器人　第三代机器人是智能机器人，具有多种传感器。其不仅可以感知自身状态，如所处位置、自身故障等，还可以感知外部环境，并对获取的信息进行逻辑推理和判断决策。当自身状态与外部环境发生变化时，该类机器人可以自主决定自身行为，无须依赖预先设置的程序，具有高度的自适应性和自制能力。

（4）第四代机器人　第四代机器人是情感机器人，具有表达、识别和理解喜、乐、哀、怒，模仿、延伸和扩展人的情感的能力。情感机器人不仅是机器人科学家的梦想，也是我国社会发展的切实需要。《新一代人工智能发展规划》对情感机器人提出了："针对改善人际沟通障碍的需求，开发具有情感交互功能、能准确理解人的需求的智能助理产品，实现情感交流和需求满足的良性循环"的要求。

2. 按机器人的机构特征分类

（1）直角坐标型机器人　该型机器人的外形如图 1-2 所示，在空间上具有互相垂直的三条直线移动轴，它的三个关节都是移动关节，并可以通过直角坐标方向的三个自由度确定其手部空间位置。直角坐标型机器人的动作空间为一个长方体。其优点是结构简单、可靠性强、位置精度高、空间轨迹求解简单，可在恶劣环境下长期工作。但是，直角坐标型机器人结构庞大，动作范围相对较小，常用于大负载搬运场合。

（2）圆柱坐标型机器人　该型机器人的外形如图 1-3 所示，主要由旋转基座、垂直移动轴和水平移动轴构成，具有一个回转和两个平移共三个自由度，其动作空间为圆柱体。圆柱坐标型机器人的优点是结构简单、占地面积小、位置精度高、刚性好，但空间利用率低。

（3）球坐标型机器人　该型机器人的外形如图 1-4 所示，其机械手可以前后移动、上下摆动和在绕底座的水平面上转动，具有平移、摆动和旋转三个自由度，其动作空间为球面。球坐标型机器人的优点是结构紧凑、占地面积小、动作灵活，但结构复杂，位置精度低。

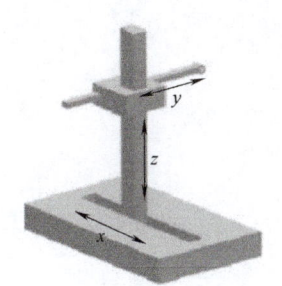 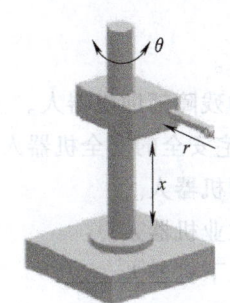 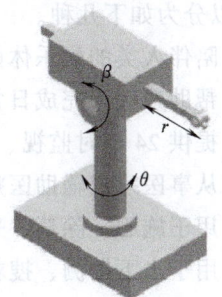

图 1-2　直角坐标型机器人　　　图 1-3　圆柱坐标型机器人　　　图 1-4　球坐标型机器人

（4）多关节坐标型机器人　该型机器人由多个旋转和摆动机构组成，结构紧凑，工作空间大，应用范围广。根据其摆动方向的不同，多关节坐标型机器人又分为如图 1-5a 所示的垂直多关节机器人和如图 1-5b 所示的水平多关节机器人。垂直多关节机器人的优点是可以实现三维空间内各种姿势，生成各种复杂轨迹，其动作空间为球体，但其结构刚度低，位置精度低。水平多关节机器人具有串联配置的两个在水平面内旋转的手臂，动作空间为柱体，其优点是在垂直方向刚性好、水平方向柔顺性好、动作灵活、位置精度高。

3. 按应用领域分类

我国机器人专家从应用领域出发，将机器人分为工业机器人和特种机器人。

（1）工业机器人　工业机器人是指面向工业领域的机器人，根据具体应用不同可以分为如下几种。

1）用于汽车整车焊接的点焊机器人。

2）用于汽车零部件焊接的弧焊机器人。

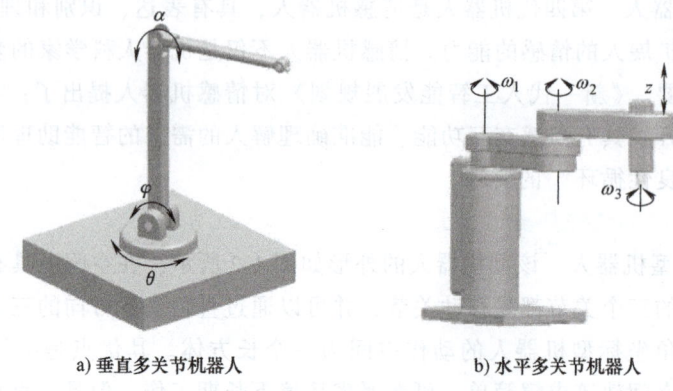

a) 垂直多关节机器人   b) 水平多关节机器人

图 1-5 多关节坐标型机器人

3）用于电子部件装配的装配机器人。

4）用于给机床提供工件并在加工后将其取出的上下料机器人。

5）用于给容器装载不同工件的码垛机器人。

随着对工业生产线柔性要求的提高，各领域对工业机器人的需求也越来越强烈。

（2）特种机器人　特种机器人是除工业机器人之外的、用于非制造业并服务于人类的各种先进机器人，其应用范围涉及保安、救援、医疗服务、农业、军事等领域。按具体应用不同可以分为如下几种。

1）陪伴人类的娱乐休闲机器人。

2）帮助残疾人完成日常琐事的残障辅助机器人。

3）提供 24 小时监视、保障住宅安全的安全机器人。

4）从事医疗或辅助医疗的医用机器人。

5）用于施肥、除草、采摘的农业机器人。

6）用于水下勘测、搜救等的水下机器人。

7）用于军事领域的物资运输、搜寻勘探，甚至实战进攻的军事机器人。

1.2 工业机器人概况

20 世纪 50 年代，工业机器人还处于萌芽阶段；经过几十年时间的发展，工业机器人就已遍布人类社会的众多领域，广泛应用于人们的生产和生活中；而如今，与计算机技术一样，机器人技术正在日益改变着人们的生活方式，成为日常生活中不可或缺的一部分。

机器人设计应追溯到早期的工业机器人。可以说，工业机器人奠定了机器人发展的基础。工业机器人制造商致力于使机器人更加人性化，并广泛适用于各种应用场景。目前，机器人技术最大的商业应用也在于工业机器人，其中超过 50% 的工业机器人用于汽车制造业中的机械涂装及焊接作业，如图 1-6 所示。据统计，每辆汽车大约有 3000～4000 个电阻焊点，焊接工作量极大，因此焊接机器人在汽车制造业中具有不可替代的地位。过去，我国汽车零部件一直采用手工焊和专机焊，存在劳动强度大，作业环境恶劣，焊工技术低下，生产柔性差，焊接质量不能有效保证，以及无法满足现代汽车工业生产的需求等问题。随着工业机器人的大量应用，零部件自动化生产水平及效率大幅提高，保证了焊接、加工、装配等质量，使生产过程更具柔性。

图1-6　汽车装配生产线

工业机器人的出现，使人类从大量繁琐、重复、危险性高、技能要求低的工作中解放出来，以低成本实现高生产率、高产品质量和高适用性。

1.2.1　工业机器人发展历史

1920年，捷克斯洛伐克作家萨佩克创作了一部名为《洛桑万能机器人公司》的剧本，他把由洛桑万能机器人公司生产的那些机器取名Robota（捷克语意为"奴隶"）和Robotnik（波兰语意为"工人"）。由此，"机器人"的名字正式诞生。

1939年，美国纽约世博会展出了Westinghouse Electric Corporation（西屋电气公司）制造的家用机器人Elektro。该机器人由电缆控制，可以行走，不过离真正的家务劳动者还有很大距离，但它让人们对于家用机器人的憧憬变得更具体。1942年，美国科幻巨匠阿西莫夫提出"机器人三定律"，虽然其诞生于科幻小说中，但后来成为了学术界默认的研发原则。"机器人三定律"是阿西莫夫最广为人知的成就，其具体表达如下。

第一定律：机器人不得伤害人类个体，或者目睹人类个体遭受危险而袖手不管。

第二定律：机器人必须服从人给予它的命令，当该命令与第一定律冲突时例外。

第三定律：机器人在不违反第一、第二定律的情况下要尽可能保护自己的生存。

1948年，诺伯特·维纳在《控制论——关于在动物和机器中控制和通信的科学》中提出了机器人的通信、控制机能与人的神经、感觉机能的共同规律，首次指出了自动化工厂中计算机的核心地位。马文·明斯基于1954年提出了智能机器能够创建周围环境的抽象模型，因此人类一旦遇到问题便可从抽象模型中寻找解决方法，这在一定程度上影响了智能机器人的发展方向。1956年，美国的Devol和Joseph F. Engelberger创立了第一家生产机器人的公司Unimation，其生产的Unimation机器人也被称为可编程传输机器人，如图1-7所示。人们最初主要用该机器人将物体从一个点转移到另一个点，距离大约3m。

Unimation后来将其技术授权给Kawasaki Heavy Industries和GKN，分别在日本和英国制造机器人。1968 年，日本制造出第一台通用机械手机器人，并很快进入实用阶段。该机器人大大缓解了市场劳动力严重短缺的社会矛盾。

1968 年，美国斯坦福研究所公布他们研发成功的机器人 Shakey，该机器人带有视觉传感器，能够根据人的指令抓取积木。Shakey 作为第一台智能机器人，拉开了第三代机器人研发的序幕。1969 年，斯坦福大学的 Victor Scheinman 发明了六自由度关节斯坦福臂，如图 1-8 所示。其能够准确地跟随空间中的任意路径，并将机器人的潜在用途扩展到更复杂的应用，例如装配和焊接。Scheinman 随后为麻省理工学院 AI 实验室设计了第二个机械臂，称为"MIT 臂"。Scheinman 将设计卖给了 Unimation，Unimation 在通用汽车的支持下进一步开发，后来将其作为可编程通用机器人推向市场。

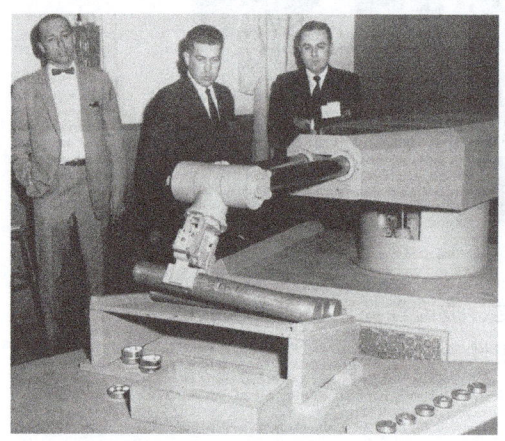

图 1-7　Unimation 可编程传输机器人

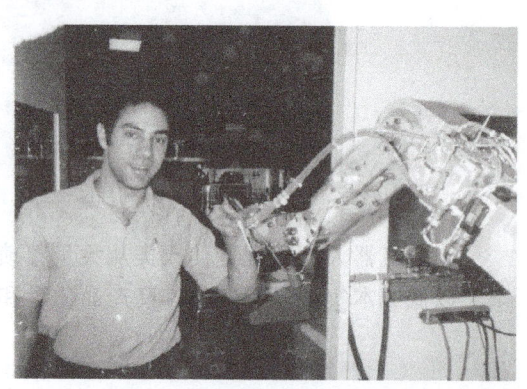

图 1-8　6 自由度关节斯坦福臂

工业机器人也在欧洲迅速发展，ABB 机器人和库卡机器人公司于 1973 年将机器人推向市场。ABB Robotics（前身为 ASEA）推出的 IRB 6 是世界上第一款商用全电动微处理器控制机器人。前两台 IRB 6 机器人被出售给瑞典的 Magnusson，用于研磨和抛光管道弯曲，并于 1974 年 1 月投入生产。同样在 1973 年，库卡机器人公司建造了第一台工业机器人，称为 FAMULUS，它也是第一个由六个电动机驱动的铰接式机器人。1978 年，美国 Unimation 公司推出通用工业机器人 PUMA，这标志着工业机器人技术已经完全成熟。

协作机器人（Collaborative Robot）是近几年兴盛起来的机器人，它是特殊的工业机器人，简称 cobot 或 co-robot，是一种设计为能与人类在共同工作空间中进行近距离互动的机器人。国际工业机器人安全标准 ISO 10218-2 对协作机器人（Collaborative Robot）的定义是被设计成可以在协作区域内与人直接进行交互的机器人，如图 1-9 所示。其中，协作区域

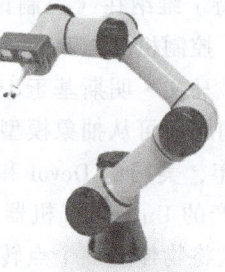

图 1-9　六自由度协作机器人

（Collaborative Workspace）是指机器人与人类可以同时工作的区域。到 2010 年为止，大部分工业机器人是自动作业或是被安装在防护网中被人引导作业的。协作机器人则不同，它能与人类近距离接触，在生产和生活中充当不同的角色，例如在办公室环境下，它可以是与人类一起工作的自主机器人；在工厂中，它可以在没有防护罩的情况下作为工业机器人。

1.2.2　协作机器人与传统工业机器人的区别

传统的工业机器人体型大，运行速度较快，成本高，需要采取安全防护栏来保护人员安全，占地面积较大。例如 ABB 工业机器人进行点焊生产的操作就比较复杂，只有接受过专业训练的人员才能操作机械臂，工作危险系数较大，如图 1-10 所示。因此，传统机器人无法满足中小型企业的需求。

图 1-10　ABB 工业机器人点焊生产

与普通的大型工业机器人相比，小型的协作型机器人在安全性能上有了更明显的提高，无需防护装置，手动拖拉即可。在预测到危险时，碰撞系统会自动检测，控制系统会启动制动命令使机器人停止运行；此外，按下急停按钮也可以立即迫使机械臂停止运行，从而有效保护操作人员和外围设备的安全。AUBO-i5 系列机器人的人机协作作业场景如图 1-11 和图 1-12 所示。

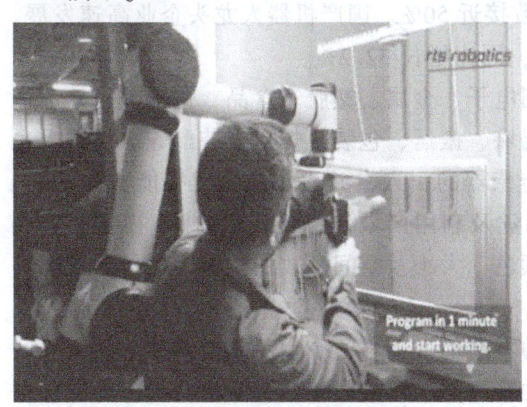

图 1-11　人机协作涂装作业

图 1-12　人机协作上下料作业

协作机器人有以下特点。

1）安全性：协作机器人集成了全新的安全技术，在碰到人的情况下会立即停止工作，从而保护操作人员的生命安全。

2）操作简易：协作机器人的示教盒有简单的位移控制、轨迹记录、简易逻辑编程等功能，便于完成流水线上的需求动作。

3）拖动示教：可手动拖拽路点，设置机器人自动运行路径。

4）轻量级：整机重量小，负载自重比大。例如，某工业大型机器人自重为 1900kg，负载为 160kg，自重比为 8%。而协作行机器人自重仅有 24kg，负载为 5kg，自重比接近 25%。

5）智能型：可以免费在线升级，远程故障监控；具有机器人动作速度过快的紧急断电、机器人联动之间的实时通信等能力。

6）友好性：人机协作机器人具备的友好性是指设计人员在设计时，需要保证机器人的表面和关节必须是光滑且平整的，不能带有尖锐的转角或易夹伤操作人员的缝隙，同时它还应该适应人类的工作环境。

1.2.3 工业机器人发展现状

工业机器人的发展已有 60 多年的历史。目前，世界上很多国家已经在机器人发展中投入了大量的人力、物力并将机器人产业作为战略产业，逐步加速将机器人向产业化发展的进程。其中，美国立足于机器人核心技术产业化，围绕制造业，攻克工业机器人的强适应性，并且在可重构装配、自主导航、教育训练、与人协作等关键技术领域展开研究。日本将工业机器人技术列入国家发展计划和重大项目，提出机器人路线图，涵盖了新世纪工业机器人、特种机器人两大领域，创建和扩大机器人的早期市场。欧洲投入巨额经费进行机器人技术与应用的研究。与欧美国家相比，我国工业机器人起步较晚，但是经过"七五"和"九五"等攻关计划，已经基本达到了自主开发的水平。

世界主要国家的工业机器人竞争格局已经形成。目前，全球工业机器人本体市场以中国、欧洲、美国、日本为主，日、美、韩、德、中五国存量占全球比例高达 71.24%，销量占比达 69.92%。

根据前瞻产业研究院发布的《工业机器人行业产销需求预测与转型升级分析报告》数据显示，我国 2017 年工业机器人产量达到 13.1 万台，同比增长 68.1%。从月度数据来看，2017 年以来，各月产量增速均高于 30%，中位数接近 50%。国产机器人龙头企业高速发展。2018 年 1~4 月，工业机器人产量达到 4.6 万台，同比增长 32.2%。

工业机器人的发展趋势也从汽车工业延伸到电子、金属、塑胶、食品、化工等，并逐渐向消费领域渗透。工业机器人应用包括涂装、码垛、搬运、包装、焊接、装配等。机器人也变得越来越智能，从最初的视觉机器人到力觉传感器的引入，并逐步向人工智能方向发展。工业机器人视觉有三类：二维视觉、立体 3D 视觉及利用广域传感器技术的 3D 视觉。这些技术使得工业机器人能够识别出物体的位置、颜色、大小及空间存放的位置。机器人逐渐具有对周转环境的感知能力，越来越智能化。

近年来，随着国家对工业机器人扶持力度的不断加大，本土企业不断推动技术创新，国内机器人市场得到进一步开拓。由于智能制造的升级需求日益凸显，工业机器人市场需求的持续旺盛刺激了机器人市场的规模产业扩大。

1.3 工业机器人发展趋势

随着工业机器人的不断发展，其应用范围覆盖了制造业、农业生产、医疗服务、国防军事等领域，因此，研究更为智能的机器人技术来满足多样化、个性化的需要，并适应多变的作业环境是当前工业机器人发展的必然要求。目前，工业机器人的发展具有如下趋势。

（1）智能化　现代工业中很多任务情况复杂多变，对自主能力的要求较高。然而，传统的工业机器人不管外界环境如何变化，都只能按照设定的程序作业，无法根据环境变化做出相应调整，毫无智能。因此，智能化的高低是决定机器人能否完成任务的重要因素之一。目前，工业机器人的智能化程度可分为两种：一种是较低层次的智能，即通过模糊控制、神经网络控制等方式，提高机器人的自主性，减少程序依赖，使机器人可以根据外界环境变化，在一定范围内自行修改程序，但是修改程序的原则可由人进行初始定义；另一种高层次的智能是指机器人具有与人类似的逻辑推理能力，面对问题时能够自主寻找解决方案并加以实施。

（2）多机协调化　在生产效率和产品质量并重的今天，单一类型的机器人已无法胜任现代制造业的要求。随着生产规模的不断扩大，多机协调作业的需求也越来越迫切。多机器人协调的工作方式可以有效地提高生产力，并增强应对复杂任务的通用性。一般而言，多机器人的工作环境包括两类协调操作：紧协调操作和松协调操作。紧协调操作是指在同一工作空间里，多机器人操作手共同处理同一对象，如图1-13所示。松协调操作是指在同一工作空间里，每个机器人独立地完成各自的任务，如图1-14所示。

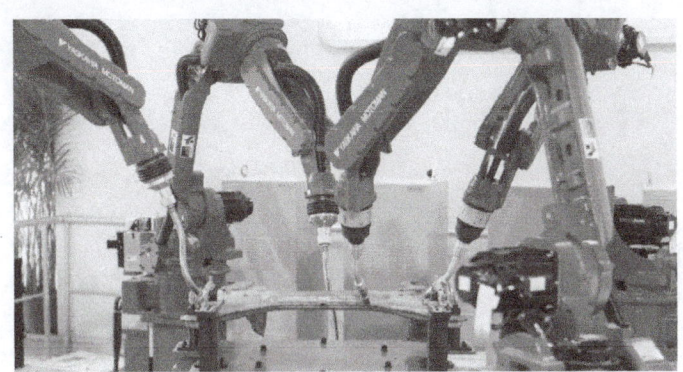

图1-13　多机器人紧协调操作台

图1-14　多机器人松协调操作生产线

（3）标准化　在市场国际化和经济全球化深入发展的今天，标准作为经济和社会活动的主要技术依据，已成为衡量国家或地区技术发展水平的重要标志、产品进入市场的基本准则及企业市场竞争力的具体体现。机器人标准的先进与完善，关系到产业的健康发展及产品国际市场竞争力的强弱。因此，机器人标准化工作受到了各国政府的高度重视，我国在机器人标准化工作方面也取得了良好的进展。

（4）微型化　在大型工业机器人逐渐普及的同时，微型机器人也开始成为机器人未来的发展方向之一。目前，已经开发出了手指大小的微型机器人。而未来将会生产出毫米、微米，甚至纳米级的机器人，并将被应用于军事、医疗、精密加工、微型集成电路制造等众多领域之中。

思考与练习

1.1　请按照结构类型对机器人进行分类（不少于三种），并说出它们的特点。

1.2　请简述目前工业机器人的发展趋势。

1.3　工业机器人的发展趋势可以从汽车工业延伸到哪些领域？

1.4　按照应用领域机器人能分为哪几类？简述其特点。

1.5　请简述第二代机器人的发展程度与特点。

第2章　工业机器人安全

2.1　机器人安全标识及装置

在工业生产、加工、运输和维修等过程中，考虑厂房地带的安全性是必不可少的环节。为了保护工作人员及机械设备的安全，在有危险源的地带、场地和设备上应当设置明显的安全警示标识和安全防护装置。危险发生或即将发生时，相关人员应立即采取相应的措施，降低危险发生的可能性，并防止危险进一步扩大，避免现场人员伤亡事故的发生。

2.1.1　安全标识

机器人所在生产厂房中常见的安全、警示标识见表2-1。厂房的相关人员应当严格遵守行业有关安全、卫生、防火和环境保护等规定。

表2-1　机器人厂房安全、警示标识

标识	说　明
	有电危险:可能引发危险的用电情况。如果不避免,则可能导致人员伤亡或设备严重损坏
	高温危险:可能引发危险的热表面。如果不慎接触,将会造成人员伤害

11

（续）

标识	说　明
危险！	危险：可能引发危险的情况。如果不避免，则可能导致人员死亡或严重伤害
警告！	警告：用电可能引发危险的警告。如果不避免，则可能导致人员伤害或设备严重损坏
小心！	小心：警示提示信息。如果不避免，则可能导致人员伤害或设备损坏。标记有此种符号的事项，在某些具体的情况下可能会产生严重后果
注意！	注意：可能引发危险的情况。如果不避免，则可能导致人员伤害或设备严重损坏。标记有此种符号的事项，在某些具体的情况下会产生重大后果

操作人员的颈部、脸部和头部不应暴露，以免发生碰触并造成伤害。在不使用外围安全防护装置的情况下，使用机器人前需要进行风险评估，以判断相关危险是否会构成不可接受的风险。不可接受的风险一般包括但不限于以下六种情况：

1）使用尖锐的末端执行器或工具连接器可能存在的危险。

2）处理毒性或其他有害物质可能存在的危险。

3）操作人员手指被机器人底座或关节夹住的危险。

4）被机器人碰撞发生的危险。

5）机器人或连接到末端的工具固定不到位而存在的危险。

6）机器人有效负载与坚固表面之间的冲击造成的危险。

在工业机器人正常工作状态下，要格外注意如下事项并避免误操作，以防对人体造成不必要的伤害。

1）机器人和控制柜在运作的过程中会产生热量，因此在机器人工作中或刚停止工作时，请不要操作或触摸机器人。

2）切断电源并等待一小时，机器人才可冷却下来，切勿将手指伸到控制柜发热处。

3）当机器人与能够造成机器人损坏的机械连接在一起或是在一起工作时，强烈推荐单独对机器人的所有功能及机器人程序进行检查。推荐使用其机械工作空间以外的临时路点来检测机器人相关程序。

4）切勿将机器人长时间暴露在永久性磁场中，强磁场容易损坏机器人。

2.1.2　安全防护装置

机器人的运行特性与其他设备不同，机器人必须是在比其基座大的空间内运动。机器人手臂的启动和运动形式很难预料，并随着生产方式和环境条件的改变而改变。工业机器人作业时，需要使用各种防护装置或传感装置来预防、隔离和处理危险，常用的安全装置有安全防护栏、传感装置、安全锁、防护衣和警示装置。

1. 安全防护栏

（1）联锁防护栏　工业机器人系统一般都配有联锁装置。当联锁装置被触发而打开时，机器人及所有生产工序停止运作；当防护门关闭，开关二次启动时，操作便重新开始。联锁防护栏可以阻止人员从各个方向进入工作区域内，有效地避免危险的发生。

（2）固定防护栏　固定防护栏是指用涂有黄色油漆的围栏或悬挂的链条装置，把工作区与非工作区隔离开，从而使空间布局整齐有序，安装过程简单、经济，如图 2-1 所示。固定防护栏可以在一定程度上隔离危险，保护工作人员的安全。

2. 传感装置

传感装置包括安全光栅（如图 2-2 所示）和压力传感垫（如图 2-3 所示）等。有人触碰传感装置时，系统向机器人发出一个预先编好的停机指令电信号来强行停止机器人的活动。传感装置只能在动作发生时才会被触发，无法提前预测危险。工作状态下的工业机器人安全光栅防护装置如图 2-4 所示。

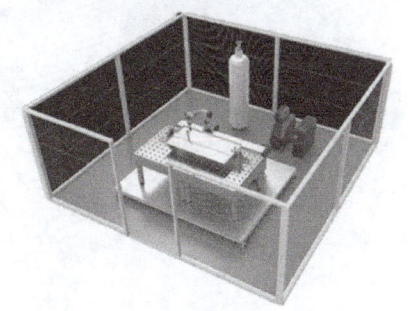

图 2-1　机器人焊接工作台固定防护栏

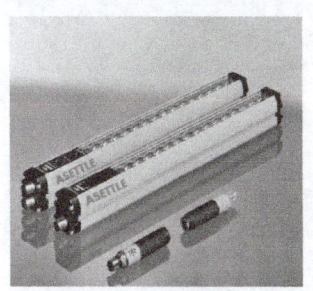

图 2-2　安全光栅

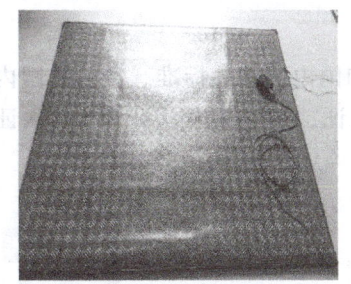

图 2-3　压力传感垫

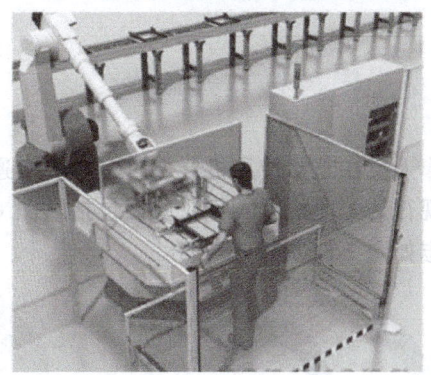

图 2-4　工业机器人安全光栅防护装置

3. 安全锁

安全锁是一种实时使用的锁具，如图 2-5 所示。其使用目的是确保设备能源被绝对关闭，设备保持在安全状态。上安全锁能预防设备不慎启动，可以避免造成伤害。为了确保在机器附近工作的相关人员不会受伤，安全锁的具体作用如下：

①安全警示；②协助停工检修；③防止误操作；④锁住危险源，保证操作人员安全。

4. 防护衣

在强酸、强碱、强压、潮湿以及需防尘、有静电、有化学物质等恶劣、危险环境下作业时，机器人需要防护衣来阻止本体结构及控制装置受到外界的侵害，延长机械臂的使用寿命。AUBO-i5协作机器人的防护衣装置如图2-6所示。

图 2-5　安全锁

5. 警示装置

当故障或危险发生时，安全警示装置发出不同的警告信号，来提示危险的发生，降低不必要的人身和财产损失。机器人工作站警示信号灯如图2-7所示。

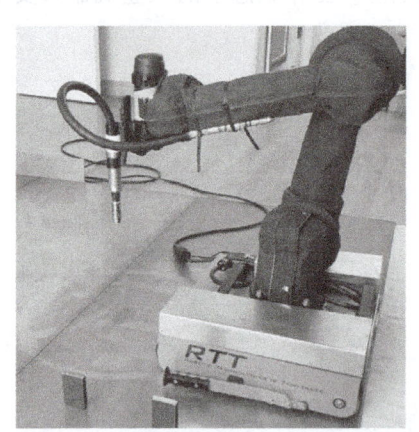

图 2-6　AUBO-i5 协作机器人防护衣装置

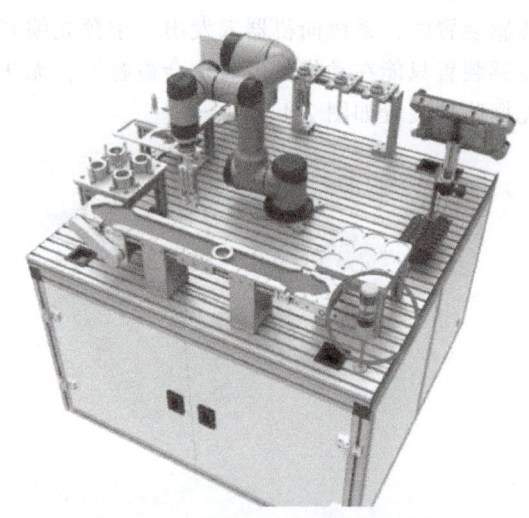

图 2-7　机器人工作站警示信号灯

2.2　安全使用标准及规范

工作人员在正常使用机器人时，应严格遵守国际和国内的相关标准。目前，国内、外均认可的现行的工业机器人行业认证包括欧洲 CE 安全认证、TUV 安全认证和 KC 认证等，它们的标志如图2-8~图2-10所示。

图 2-8　欧洲 CE 安全认证标志　　图 2-9　TUV 安全认证标志　　图 2-10　KC 认证标志

国际的相关标准包括：

①ASTM F3002-2014a；②ISO 10210-1：2011；③ISO 13849-1；④ISO 10218-1 和 ISO

10218-2；⑤IEC TR 60601-4-1. 2017；⑥ASTM F2909-2014。

除此之外，中国、美国、欧盟、日本和韩国都有自己的行业标准。工作人员必须严格按照行业规则，不得进行违反机器人标准的操作。工业机器人控制器及工业机器人本体只限于一般工业设备中使用，不可在预定使用范围外工作。禁止使用的范围包括但不限于以下情况：

1）用于易燃易爆等危险环境中。

2）用于移动或搬运人或其他动物的装置。

3）用于涉及人身安全的医疗设备等装置。

4）用于对社会性及公共性有重大影响的装置。

5）用于车载、船舶等受到振动的环境。

6）用于攀爬工具。

机器人在工作过程中出现的危险性动作，有一半以上可以归因于设备自身的误动作。由机器人自身错误所引起的事故和由人为失误所引起的事故发生率几乎相等。因为普通工业机器人的设计和生产不能保证使用机器人时的绝对安全或绝对不发生故障，所以机械臂工作过程中的安全性还取决于其工作强度、工作环境、工作空间以及使用者的技术水平、保养和维修等诸多因素。

2.2.1 人员安全

一般情况下，工业机器人运动时的动作速度较快，存在一定的危险性。为了更安全、有效地进行作业，在操作者运行机器人系统时，必须首先确保作业人员的安全。工作过程中的注意事项如下：

1）操作人员在使用机器人时，不要穿宽松的衣服，不要佩戴首饰，长发的人员要确保长头发束在脑后。

2）在设备运转时，即便机器人看上去已经停止运作，也不要贸然接近或触碰，因为机器人也有可能是在等待启动信号而处于即将动作的状态。

3）确保在机器人操作区域附近建立了安全措施（例如护栏、绳索或其他防护装置），保护操作者及周边人员。此外，应根据需要设置锁具，以使负责操作的作业人员以外的人不能接触机器人。

4）应在地板上画上线条或粘贴警示胶带来标示机器人的动作范围，使操作者了解机器人及其握持工具（机械手、工具等）的动作范围，如图2-11所示。

5）在对静电要求较高的场合下，工作人员应该穿防静电服、戴防静电手套，如图2-12所示。

6）在使用操作面板和示教盒时，不可戴手套进行操作，以防止由戴手套而引起的操作上的失误，造成损失。

7）在人被机器人手臂夹住或围住等紧急和异常情况下，可以通过用力推动或拉动机器人手臂（使用的机械臂具有防碰撞系统）来迫使其关节运动。

图2-11 机器人动作范围边界线

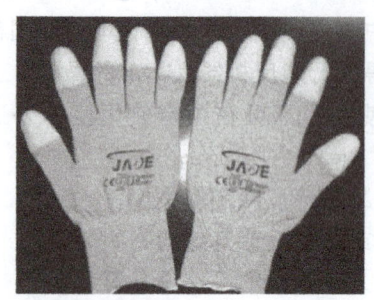

图 2-12　防静电服和防静电手套

2.2.2　外围安全

与人员安全措施相比，外围设备的安全措施同样很重要。安全运作能够在一定程度上减少不必要的经济损失，帮助企业保证生产正常、健康运转。外围设备的安全措施如下：

1）定期检查设备，严格遵守机器人及外围设备的日常维护制度。

2）机器人设备周围必须设置好安全隔离带，保持现场清洁、无水、无任何杂物。

3）严禁在控制柜中乱放杂物，如配件、工具和安全帽等，以防止造成设备异常损坏。

4）在机器人工作过程中，操作者应定期查看线缆和气路管线状况，防止它们缠绕在机械臂上，避免内部线芯折断或裸露在外，引发漏电和线路故障。

2.3　紧急处理

目前，由于市面上普通的工业机器人体型庞大，因此在工作过程中，禁止操作人员接近机器人。发生危险时，操作人员只能通过系统控制或按下紧急停止按钮、切断电源等方式来迫使机械臂停止运行以减小损伤程度。即便借助这些辅助措施，国际上机器人"杀人事件"也是屡见不鲜。因为人的反应时间比机器人滞后，所以短短几秒时间就可能会造成无法挽回的损失。

比较著名的机器人"杀人事件"如下：

1982 年，日本维修工人维修机器人时，机器人突然启动，造成悲剧。

1989 年，国际象棋大师因机器人故障被电死。

2013 年，一位奥地利居民家庭中的服务机器人引起火灾。

2015 年，德国大众汽车厂发生了机器人突然启动导致一位生产线工人当场死亡的事件。

综上所述，安全是机器人应用的前提！

与一般的工业机器人相比，协作型机器人的优势显得尤为突出。如 AUBO-i5 协作型机器人可以实现人机协同作业，如图 2-13 所示。其简易的操作方法、多重的防护措施和灵敏的急停系统，可以从多方位保证操作者安全、放心地作业。本节将重点介绍 AUBO-i5 系列协作型机器人的紧急处理方式，主要包括急停按钮、机械臂碰撞监测和强制关节紧急移动等。

1. 急停按钮

在操作机器人的过程中，一旦遇到了不可预料的危险，操作人员应立即按下急停按钮，停止机器人的一切运动。急停按钮虽不可用作风险降低措施，但是可以作为次级保护设备。以 AUBO-i5 协作型机器人为例，示教盒上的急停按钮如图 2-14 所示。在危险发生时立即按下急停按钮，机械臂便会停止运行，从而保护机械臂、外围设备及工作人员的安全。

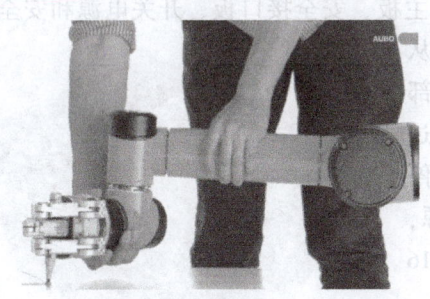

图 2-13 AUBO-i5 人机协作型机器人

图 2-14 示教盒上的急停按钮

所有形式的急停按钮都有"上锁"功能。这个"锁"必须被打开才能结束设备的紧急停止状态，进入常态模式工作。一般情况下，旋转急停按钮可以开"锁"。

2. 机械臂碰撞监测

AUBO 机械臂具有碰撞监测保护功能，可以保证操作人员或其他物体与机械臂发生碰撞时，减少对人员和其他物体以及机械臂的伤害。AUBO-i5 有十种碰撞等级，可以根据自己的需求设置不同的碰撞等级，设置界面如图 2-15 所示。

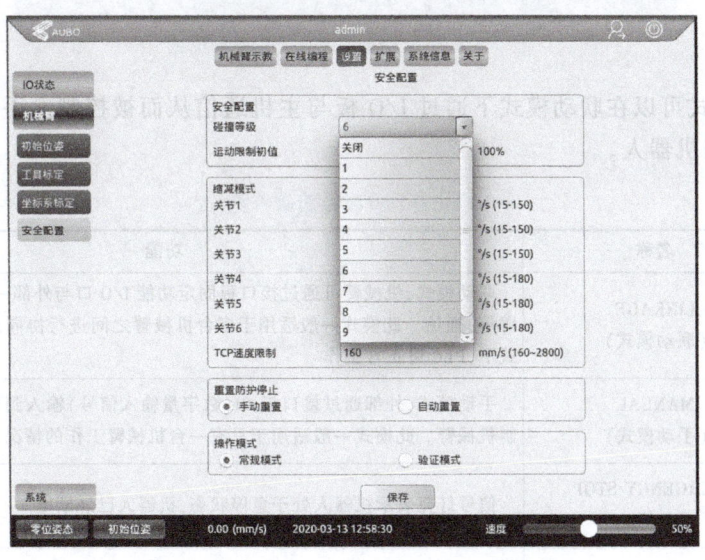

图 2-15 AUBO-i5 碰撞等级设置界面

3. 强制关节紧急移动

在极少数情况下，可能需要在机器人电源失效或者不想使用电源的紧急状况下移动一个或多个机器人关节，此时，可以通过用大约 700N 的力推动或拉动机器人手臂来迫使关节移动。手动强制移动机器人手臂仅限于紧急情况下采用，并且有可能会损坏关节，造成不可逆转的伤害。

2.4 机器人安全 I/O

控制柜是机器人的控制中心，其内部含有控制主板、安全接口板、开关电源和安全防护元件等。控制柜中既有硬件防护也有软件防护，从而可以最大程度地保证使用的安全性。控制柜内部使用多个断路器，从而在硬件上起到短路保护和过载保护作用，并且在控制面板和示教盒上都有急停开关，使用者可以在最短时间内切断机器人电源，保护人员和设备的安全。AUBO 控制柜外形如图 2-16 和图 2-17 所示。

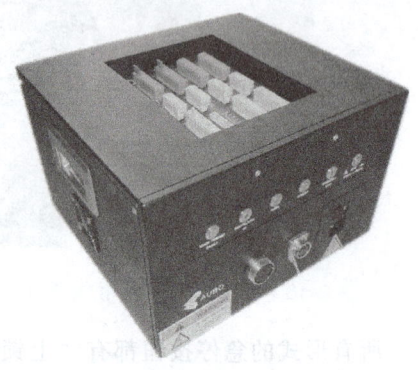

图 2-16　AUBO 控制柜外形示意图

控制柜面板介绍见表 2-2，应注意的事项如下：

1）主机模式下机器人只能通过控制柜面板来操作控制。此时，示教盒自动切换到状态日志面板，显示机器人的状态信息。

图 2-17　I 型控制柜面板功能布局图

2）从机模式可以在联动模式下通过 I/O 板与主机通信从而被控制。手动模式下，需通过示教盒来控制机器人。

表 2-2　控制柜面板介绍

序号	名称	功能
1	LINKAGE（联动模式）	联动模式，机械臂可通过接口板固定功能 I/O 口与外部一台或多台设备（机械臂等）通信。此模式一般适用于多台机械臂之间进行协同运动的情况。联动模式下，PLC 可正常工作
2	MANUAL（手动模式）	手动模式，外部通过接口板 DI（数字量输入信号）输入到机械臂的信号无法控制机械臂。此模式一般适用于只有一台机械臂工作的情况，PLC 可正常工作
3	EMERGENCY STOP（急停）	信号灯亮表示机器人处于急停状态，机器人已经断电
4	STANDBY（待机状态）	信号灯亮表示控制柜程序初始化完成，可以按下示教盒电源，然后在示教盒界面中给机器人上电
5	POWER（电源接通）	信号灯亮表示控制柜电源接通
6	MANIPULATOR ON（机器人上电）	信号灯亮表示机器人上电
7	TEACH PENDANT ENABLE（示教盒禁用）	按钮按下则示教盒禁用

　　AUBO 机器人 I 系列标准控制柜提供了多种电气接口，用来连接外部设备及工具端，例如急停按钮、安全光栅、气动抓手和 PLC 等，如图 2-18 所示。工作人员可方便地用这些接口作为辅助功能来实现机器人安全作业。控制柜的电气接口主要分为安全 I/O 和通用 I/O。控制柜上共有 16 个通用数字输入接口、16 个通用数字输出接口、4 对模拟电压输入接口、2 对模拟电压输出接口以及 2 对模拟电流输出接口。

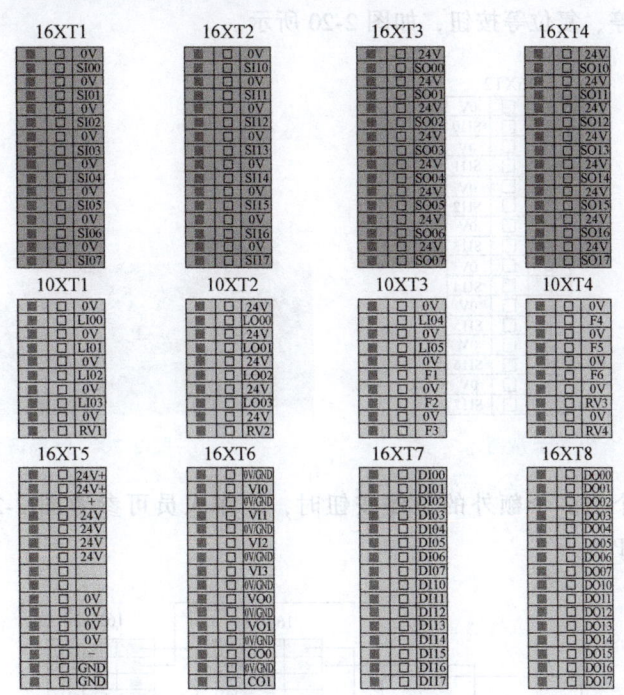

图 2-18　控制柜面板 I/O 分布示意图

　　安全 I/O 均具备双回路安全通道（冗余设计），可确保在发生单一故障时不会丧失安全功能。安全装置及设备必须按照安全说明进行安装，并经过全面的风险评估后方可使用。工作过程必须注意的事项如下：

　　1）切勿将安全信号连接到安全等级不合适的非安全型 PLC。

　　2）务必将安全接口信号与普通 I/O 接口信号分开。

　　3）机器人使用前，务必检查安全功能，并定期测试安全功能。

　　在控制柜外部 I/O 面板上，安全 I/O 均为橙色。安全 I/O 的功能定义见表 2-3。

表 2-3　安全 I/O 功能定义

输入端口	功能定义	输出端口	功能定义
SI00/ SI10	外部紧急停止	SO00/SO10	系统紧急停止
SI01/ SI11	防护停止输入	SO01/SO11	机器人运动
SI02/ SI12	缩减模式输入	SO02/SO12	机器人未停止
SI03/ SI13	防护重置	SO03/SO13	缩减模式
SI04/ SI14	三态开关	SO04/SO14	非缩减模式
SI05/ SI15	操作模式	SO05/SO15	系统错误
SI06/ SI16	拖动示教使能	SO06/SO16	备用
SI07/ SI17	系统停止输入	SO07/SO17	备用

1. 默认安全配置

由于出厂的机器人均进行了默认安全配置，如图 2-19 所示，所以机器人可以在不添加附加安全设备的情况下安全地使用。

2. 外部紧急停止输入

控制柜后面板上的安全 I/O 可连接外部相关命令的按钮。外部设备有急停、开机/关机、程序运行、程序暂停、复位等按钮，如图 2-20 所示。

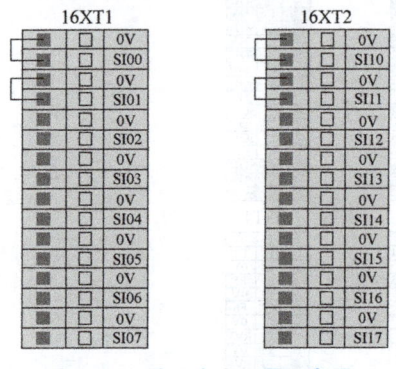

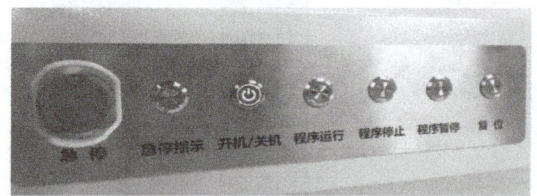

图 2-19　默认安全配置示意图　　　　图 2-20　外部设备按钮

当需要使用一个或多个额外的急停按钮时，工作人员可参考图 2-21 来连接急停按钮（EMERGENCY STOP）。

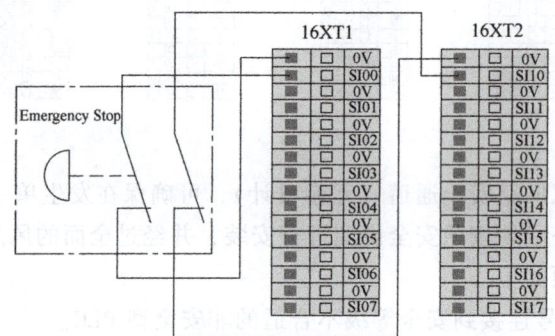

图 2-21　外部急停（EMERGENCY STOP）输入连接示意图

3. 系统停止输入

工作人员可通过系统停止输入接口接收外部停止信号，从而控制机器人进入 1 类停机状态。此输入可用于多机协作状态下，通过设置一条公用急停线路，与其他机器共享急停命令。操作人员可以通过一台机器的急停按钮来控制整条线上的机器人进入急停状态。

工作人员可参考图 2-22 来实现两台机器的共享急停功能。将线路中的系统急停输出接口与另一台机器人的急停输入接口互相连接。

当其中一台机器人进入急停状态时，另一台也会立即进入急停状态，从而实现了两台机器人的共享急停功能。

4. 系统急停输出

当机器人进入急停状态时，工作人员可通过系统急停输出接口，对外部输出急停信号。

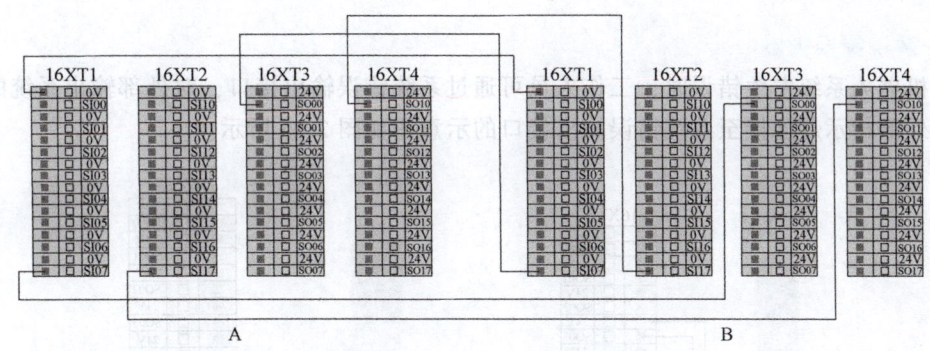

图 2-22　急停输入连接示意图

工作人员可参考图 2-23，连接外部报警灯至系统的急停输出接口。

在此配置下，当机器人进入急停状态时，对外部输出系统的急停信号；同时，外部报警灯亮。

5. 缩减模式输入

工作人员可通过缩减模式输入接口，控制机械臂进入缩减模式，参考的连接方式如图 2-24 所示。

在操作员进入安全地带后，机械臂就进入缩减模式，此时，机械臂的运动参数（如关节速度、TCP 速度等）将被限制在人为定义的缩减模式范围内；而当操作员离开安全地带后，机械臂就退出缩减模式，进入正常模式工作，机械臂正常运行。工作人员应注意的事项如下：

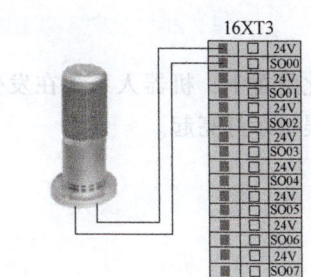

图 2-23　系统急停输出连接示意图

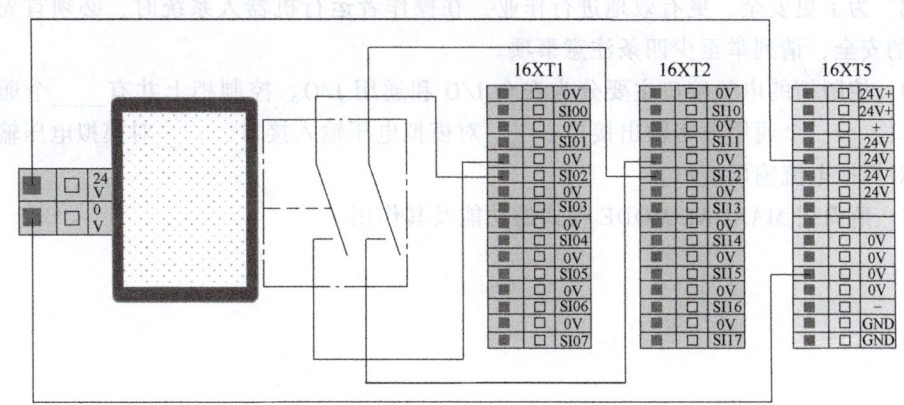

图 2-24　缩减模式输入连接示意图

1）此模式下，系统的响应时间为 1200ms。若工作人员操作过于频繁，则有可能报错。

2）使用此类配置时，工作人员需通过 AUBORPE 配置缩减模式运动参数。

6. 缩减模式输出

当机械臂进入缩减模式时，工作人员可通过缩减模式输出接口，对外部输出缩减模式的信号。外部指示灯连接至缩减模式输出接口的示意图如图 2-25 所示。

此配置下，机械臂在进入缩减模式时，对外输出缩减模式信号，同时外部缩减模式指示灯亮。

7. 系统错误输出

当机器人系统发生错误时，工作人员可通过系统错误输出接口，对外部输出系统的错误信号。外部指示灯连接至系统错误输出接口的示意图如图 2-26 所示。

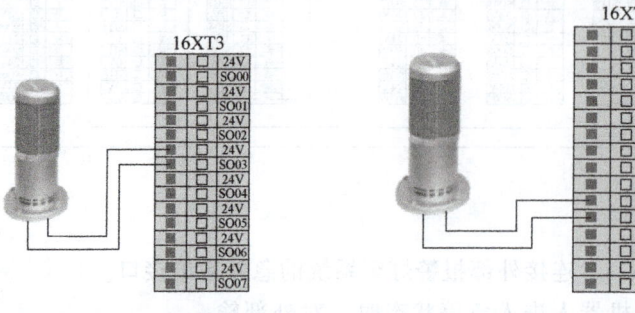

图 2-25　缩减模式输出连接示意图　　图 2-26　系统错误输出连接示意图

此配置下，机器人系统在发生错误而报警时，对外输出系统的错误信号，同时外部系统的错误指示灯亮起。

思考与练习

2.1　请简述在机器人安全预警中不可接受的风险一般包括但不限于哪几种情况？

2.2　工业机器人及其控制器只限于一般工业设备中使用，不可在预定使用范围外使用，禁止使用范围包括但不限于哪些情况？请一一列举出来。

2.3　为了更安全、更有效地进行作业，在操作者运行机器人系统时，必须首先确保作业人员的安全，请列举至少四条注意事项。

2.4　控制柜的电气接口主要分为安全 I/O 和通用 I/O。控制柜上共有____个通用数字输入接口、____个通用数字输出接口、____对模拟电压输入接口、____对模拟电压输出接口及____对模拟电流输出接口。

2.5　请简述 MANUAL MODE 模式的功能及其作用。

第3章 工业机器人结构及安装

知识目标

✓ 了解工业机器人的工作原理及运行特点。

✓ 掌握 AUBO-i 机器人的机械结构和电气结构。

✓ 了解 AUBO-i 机器人的技术参数。

技能目标

✓ 掌握工业机器人开机的正确操作。

✓ 熟知工业机器人初始化设置的正确操作。

✓ 掌握机器人的运行方式。

3.1 机器人工作原理

大多数机器人拥有一些共同的特性。首先，几乎所有的机器人都有一个可以移动的本体。其中，有些机器人拥有移动轮，而有些机器人则拥有大量可移动的部件，这些部件一般是由金属或塑料制成的。机器人的轮与轴之间用传动装置连接。

其次，机器人需要动力源来驱动这些传动装置，机器人常见的动力源有以下三种。

1) 电驱动：是以电动机驱动的动力系统，如步进电动机、直流电动机、交流电动机。

2) 液压驱动：特点是转矩质量比大，即单位质量的输出功率高，适用于重载机器人。

3) 气动驱动：动力源于压缩空气，主要由气压发生器、传动介质、控制元件、执行元件和辅助元件组成。

目前，大部分机器人采用电驱动，一般使用电池或交流电源来供电。电驱动系统通常由控制器（PLC、工控机、单片机等）、电动机驱动器、电动机本体（机器人以伺服电动机为主）组成。控制器具有智能运算功能，并传送指令给电动机驱动器。电动机驱动器可提供增压电流，根据控制器指令驱动电动机。电动机则可以带动传动装置使机器人移动。

机器人本体上一般会安装多种传感器，来感知外界环境、满足应用需求。随着智能化程度的不断提高，机器人开始向柔性化发展。机器人视觉、力觉、触觉传感变得越来越重要，传感器开始进入多方面的应用。其中，下面几种类型的传感器在机器人行业应用较多。

1) 视觉传感器：视觉传感器是应用很广泛的外传感器，已经独立形成产品，与软件技术紧密关联。

2) 位移传感器：直线位移传感器有电位计式传感器和可调变压器两种。角位移传感器有电位计式传感器、可调变压器及光电编码器三种，其中光电编码器有增量式编码器和绝对式编码器。增量式编码器一般用于零位不确定的位置伺服控制，绝对式编码器能够得到对应于编码器初始位置的驱动轴瞬时角度值，当设备运行时，只要读出每个关节编码器的读数，就能够对控制器的给定值进行调整，以防止机器人启动时产生过剧烈的运动。

3）速度和加速度传感器：速度传感器可测量平移和旋转两种运动速度，但大多数情况下只限于测量旋转速度。利用位移的导数，特别是光电方法让光照射旋转圆盘，检测出旋转频率和脉冲数目，便可以求出旋转角度。加速度传感器用于测量工业机器人的动态控制信号，可应用于应变仪，即伸缩测量仪。

4）力觉传感器：力觉传感器用于测量两物体之间作用力的三个分量和力矩的三个分量。理想情况下，机器人的传感器是粘接在部件上的半导体应力计。力觉传感器有金属电阻型力觉传感器、半导体型力觉传感器、其他磁性压力式和利用弦振动原理制作的力觉传感器。

机器人大多用来从事繁重的重复性工作，最常见的制造类机器人是工业机器人（机器臂）。典型的工业机器人由六个关节（轴）相互连接，与每个关节分别相连的是步进电动机（某些大型机器臂使用的是液压或气动系统），控制器通过旋转这些电动机来控制机器人。与普通电动机不同，步进电动机会以增量方式实现精确的移动，从而保证控制器对机器人的精确控制，使机器人重复完成相同的动作。这种带有六个关节的工业机器人与人类的手臂极为相似，它具有相当于肩部、大臂、小臂和腕部的运动机构，如图3-1所示。这种类型的机器人通常安装在一个固定的基座结构上，具有六个自由度，能沿六个不同的方向转动。

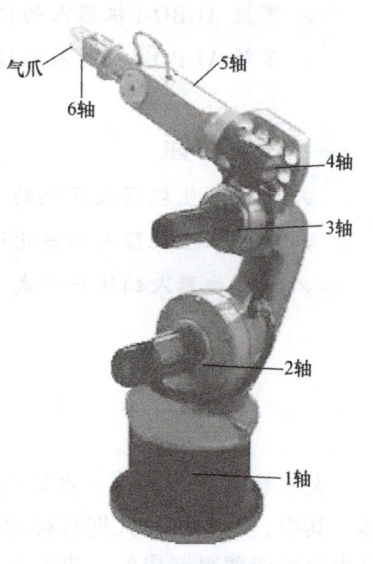

图3-1　6轴工业机器人的关节

目前，广泛应用的工业机器人都属于第一代工业机器人，它的基本工作原理是示教再现。由用户导引机器人，一步步按实际任务操作一遍。机器人记录示教的每个动作位置、姿态、运动参数和工艺参数等，并生成一个连续执行全部动作的程序。完成示教后，只需给机器人一个启动命令，机器人就会精确地按示教动作，一步步完成所有操作，这就是示教与再现。

近几年出现了一批人机协作机器人。所谓人机协作，就是指人类和机器人在共同的工作区域内进行相互配合，相互合作，一起高效率地完成工作，如图3-2所示。

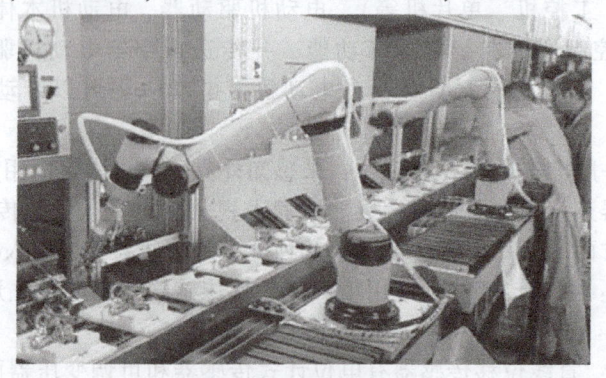

图3-2　人机协作示意图

3.2　机器人硬件组成

　　本书介绍的与操作对应的机器人为遨博 i 系列协作机器人，以下简称 AUBO-i。此款机器人属于轻型六自由度协作机器人，基于模块化的理念研发设计而成。它采用的是开放型软件架构，以方便使用者和开发人员对系统的扩展使用。与同类型、同负载的工业机器人相比，它运行可靠、精度高、安全性高，易于部署和编程，能够大幅度地提高生产效率。

　　AUBO-i 具有先进的碰撞检测功能并且可以设置不同的碰撞检测等级。当发生非预期碰撞时，它会自动停止运行，以保护操作人员及周围设备不受伤害。同时，AUBO-i 具有关节限制功能，使用者可以对每个关节空间的运动进行限制，以满足不同情况下的柔性化生产需求。此外，AUBO-i 还具备手动示教及轨迹学习功能，使用者可以直接手动拖拽机械臂来进行编程。机械臂可自动记录并再现示教的轨迹及以往的运行轨迹，从而省略复杂的编程过程。工业机器人系统主要由机器人本体、控制柜（可选多种型号控制柜）、底座和示教盒组成。AUBO-i 系列机器人系统如图 3-3 所示。

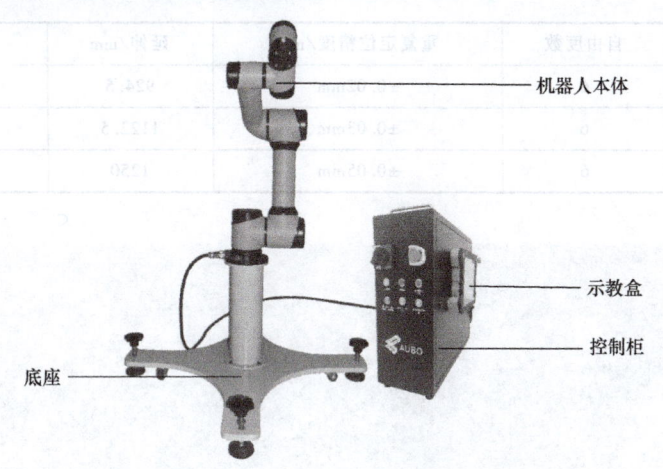

图 3-3　AUBO-i 系列机器人系统

1. 机器人本体

　　AUBO-i 本体模仿人的手臂，共有六个旋转关节，每个关节表示一个自由度，如图 3-4 所示。机器人关节包括底座（关节 1）、肩部（关节 2）、肘部（关节 3）、腕部 1（关节 4）、腕部 2（关节 5）和腕部 3（关节 6）。

　　AUBO-i 本体采用模块化可重构设计，使用者能够根据自身需求，通过 ROS 或其他平台对关节模块重新组合，快速配置新结构、新形态的机械臂。模块化的设计理念也使其维修与保养更加方便与快捷。AUBO-i 各系列本体详细参数见表 3-1。

2. 控制柜

　　AUBO-i 控制柜面板如图 3-5 所示。其中，右下角的为总电源开关，ON 为接通电源，OFF 为断开电源。其他按钮和指示灯功能见表 2-2。

　　AUBO-i 的控制柜具有如下特点：

　　（1）型号多样　AUBO-i 控制柜有多种型号。从外观上来说，它具有两种尺寸不同，但

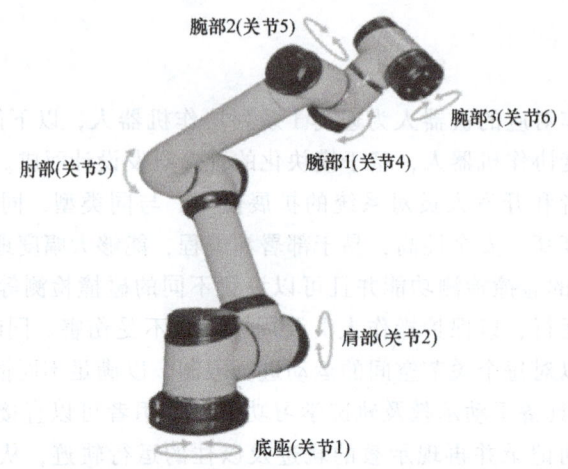

图 3-4　AUBO-i 机器人关节示意图

表 3-1　AUBO-i 各系列本体参数

系列	自由度数	重复定位精度/mm	延伸/mm	负载能力/kg
i5	6	±0.02mm	924.5	5
i7	6	±0.03mm	1122.5	7
i10	6	±0.05mm	1250	10

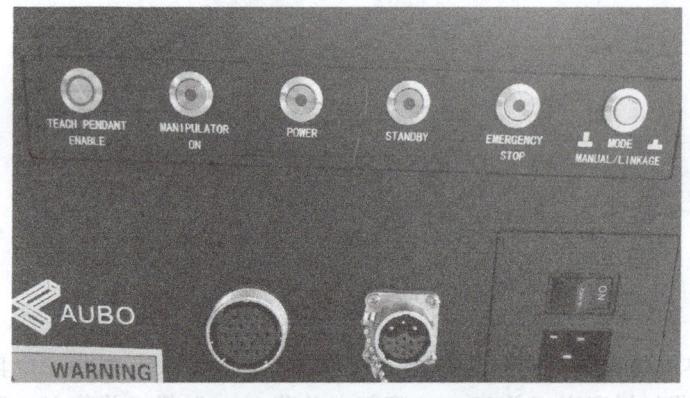

图 3-5　AUBO-i 控制柜面板

功能相同的控制柜，兼顾机器人单元的安全性与灵活性，能够满足不同现场占地大小不同的需求并增强其冗余性。从版本上来说，AUBO-i 控制柜支持多国语言和各种规格的电源电压，无论采用哪类监管标准，它都能广泛适应。

（2）接口丰富　AUBO-i 控制柜为了适应各种工业通信需求，它的 I/O 接口达到了 72 个。其中，普通 I/O 接口共 40 个，安全 I/O 接口共 32 个，极大地增强了与各种工业生产设备互相联通的能力，确保能够安全有效地完成联动任务，应用自如。

（3）云服务　AUBO-i 控制柜支持免费在线升级，使用者能远程获取最新软件升级包，享受可更新的服务功能。

AUBO-i 控制柜支持远程故障诊断与维护、系统状态监控，有利于提高维护的反应速度和超前处理能力，降低故障的发生率，保障机器人及生产线的高效运行。

（4）开放性　AUBO-i 控制柜支持 Python 和 Lua 两种脚本语言，可以充分利用脚本语言的特性，使软件具备更高的扩展性和可移植性。它提供的插件接口允许第三方开发者根据自己的需求扩展软件功能，从而使软件具备无限扩展的能力。

AUBO-i 标准型控制柜详细参数见表 3-2。

表 3-2　AUBO-i 标准型控制柜详细参数

电源	功耗	尺寸	I/O 接口	通信协议
100～240V（AC）50～60Hz	200W	727mm×623mm×235mm	16 个数字输入端口 16 个数字输出端口 4 个模拟输入端口 4 个模拟输出端口	Etherne、Modbus-TU/TCP、Script（Lua/Python）、SDK

3. 示教盒

示教盒（Teach Pendant）又称为示教编程器，是控制系统的核心部件，是一个用来编程和存储运动轨迹和数据的设备。为了更方便地控制机器人，操作人员在进行现场编程调试时通常都会手持一个示教盒。示教盒主要由液晶屏幕和操作按钮组成，其外观如图 3-6 所示。

示教盒各部分功能介绍见表 3-3。

示教盒是机器人与操作人员的交互接口，所有的基本操作都是通过示教盒来完成的，如设定、查阅机器人的状态，操作机器人各个关节的姿态等。AUBO-i 示教盒的详细参数见表 3-4。

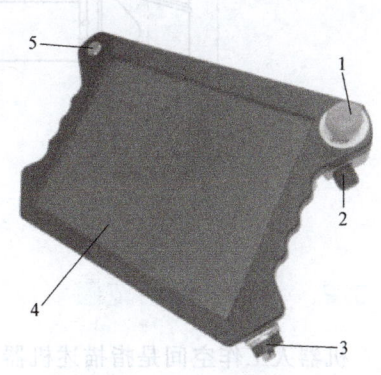

图 3-6　示教盒外观图

表 3-3　示教盒各部分功能介绍

序号	名称	功能说明
1	急停按钮	①按下后，切断机器人本体电源，进而使机器人的动作立刻停止 ②一旦按下，系统保持急停状态；顺时针方向旋转该按钮可解除急停状态
2	力控按钮	在机器人处于示教模式时，可以按住力控按钮并拖动机器人到目标方位之后松开按钮
3	示教盒连接线接口	与控制柜通信的接口，采用 19 针航空插头，方便拆装
4	LCD 触摸屏	可以清晰地展现机器人运动的各种细节，如位置姿态参数和 3D 仿真效果等，方便操作。所有的操作都可以通过直接点击屏幕来完成
5	启动按钮	①长按后，机器人上电，加载示教盒控制界面 ②按下后，切断机器人本体电源

表 3-4　AUBO-i 示教盒参数

尺寸	重量	显示屏	防护等级	外壳颜色
355mm×235mm×54mm	1.8kg	12in 电阻式液晶触摸屏	IP54	橙黄色

3.3　机器人安装

3.3.1　机器人的尺寸

机器人的尺寸关系到整个项目的运行能否可靠有效。在项目方案设计初期，工程师需要根据系统中的每个设备的尺寸来考虑选型。AUBO-i5 机器人尺寸如图 3-7 所示，在安装时务必考虑其运动范围，以免磕碰到周围的人员和设备。

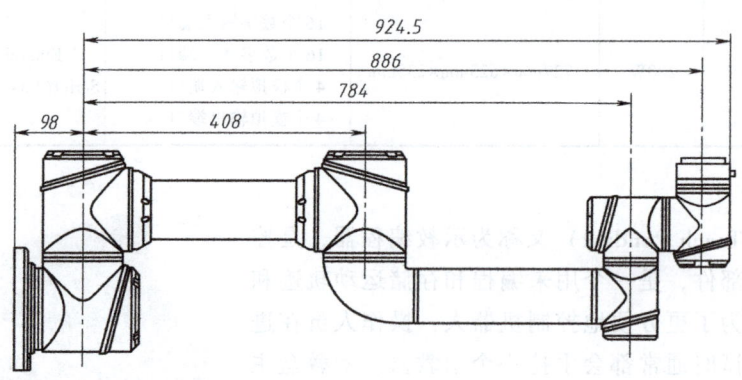

图 3-7　AUBO-i5 机器人尺寸

3.3.2　机器人运动范围

机器人工作空间是指描述机器人末端执行器运动的参考点所能达到的空间点的集合，一般用水平面和垂直面的投影表示。机器人工作空间的形状和大小是十分重要的，因为在机器人执行某作业时，有可能存在手部不能到达的作业死区（dead zone）导致任务无法完成的情况。工作空间的形状会随着机器人运动的坐标形式不同而不同。直角坐标型机器人的工作空间是一个长方体；圆柱坐标型机器人的工作空间是一个开口空心圆柱体。因为机械臂的转动会受到结构上的限制，一般不能整圈转动，所以球坐标型和关节型机器人机械臂的工作空间实际上均不能获得整个球体。其中，前者仅能得到由一个扇形截面旋转而成的空心开口截锥体，而后者则由几个相贯的球体得到的空间构成。

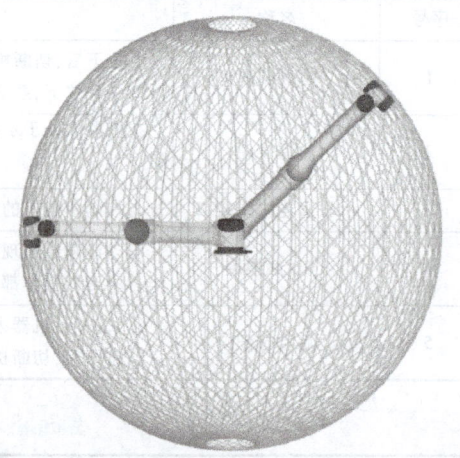

AUBO-i5 机器人就是关节型机器人，它的运动范围是除去机座正上方和正下方圆柱体空间的、半径为 886mm 的球体，如图 3-8 所示。选择机器人安装位置时，必须考虑机器人正上方和正下方的圆柱体空间，尽可能地避免将工具移向该圆柱体空间。另外，在实际应用中，关节 1～关节 6 转动角度范围是 −175°～175°。

图 3-8　AUBO-i5 机器人工作空间示意图

3.3.3 机器人安装

1. 移动底座

AUBO-i 机器人底座结构如图 3-9 所示，它的底座装有四个地脚螺栓和四个万向轮，方便固定和移动。当需要固定机器人时，可以旋转地脚螺栓上部的旋钮降下地脚螺栓；当需要移动机器人时，可使用工具（扳手）旋转地脚螺栓下部的螺母升高地脚螺栓，使底座万向轮着地。

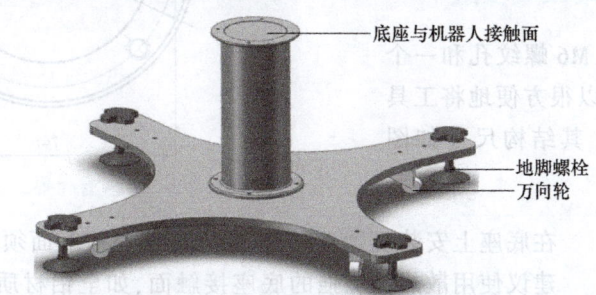

图 3-9 底座结构示意图

底座结构尺寸如图 3-10 所示。

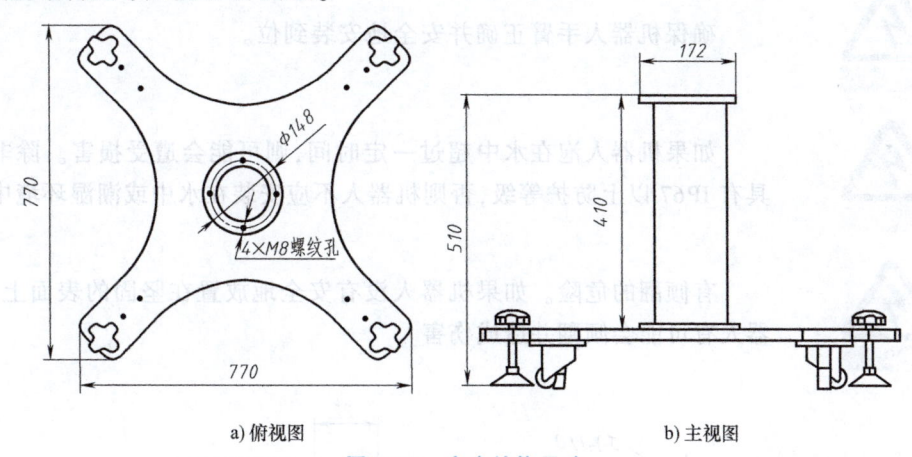

a) 俯视图　　　　　　　　　　　b) 主视图

图 3-10 底座结构尺寸

2. 机器人本体

AUBO-i 的轻量型本体具备 360°安装位置姿态自适应功能，可支持在底座上立装、吊装、壁装及其他特定安装方式，如图 3-11 所示。

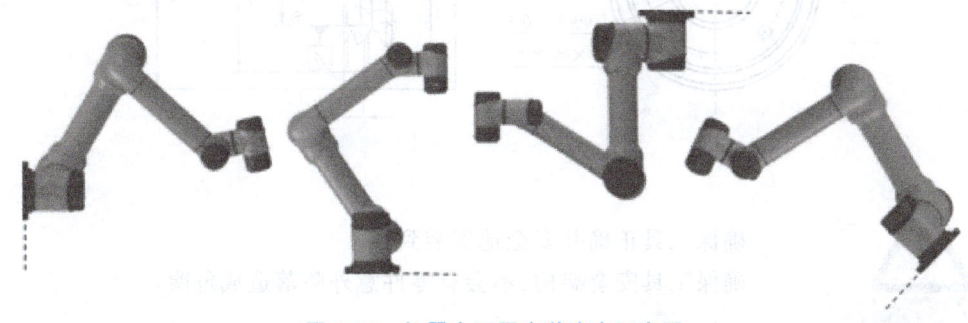

图 3-11 机器人不同安装姿态示意图

在底座上安装机器人时，应使用四颗 M8 螺栓对机器人本体进行固定。建议使用两个 φ6mm 的孔来安装销钉，以提高安装精度，其安装孔结构尺寸如图 3-12 所示。

3.3.4 机器人末端工具安装

工具法兰有四个 M6 螺纹孔和一个 φ6mm 的定位孔，可以很方便地将工具安装至机器人末端，其结构尺寸如图 3-13 所示。

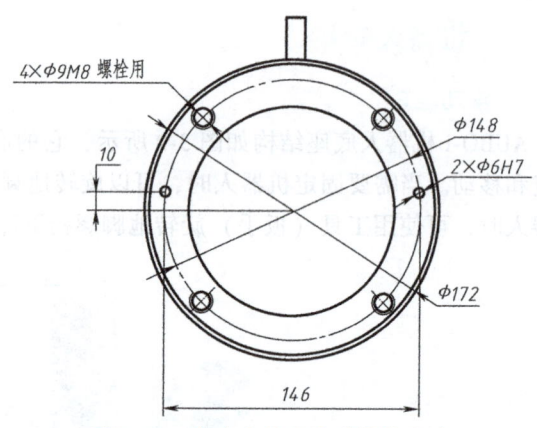

图 3-12 底座上的安装孔结构尺寸

在底座上安装机器人时，机器人与底座接触面须紧密接触。
建议使用散热性能强的底座接触面，如全铝材质。当工作环境超过 35℃时，强烈建议使用散热性能强的材质。

确保机器人手臂正确并安全地安装到位。

如果机器人泡在水中超过一定时间，则可能会遭受损害。除非声明具有 IP67 以上防护等级，否则机器人不应安装在水中或潮湿环境中。

有倾翻的危险。如果机器人没有安全地放置在坚固的表面上，则机器人有可能会倾翻并造成伤害

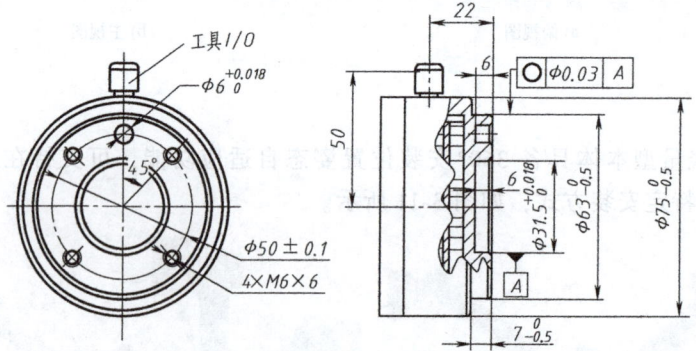

图 3-13 机器人工具法兰结构

确保工具正确并安全地安装到位。
确保工具安全架构，不会有零件意外坠落造成危险。

3.4　机器人启动

3.4.1　启动前的准备

1. 安装机器人

从包装箱里取出 AUBO 机器人，安装到底座。具体安装说明请参见 3.3.3 小节的介绍。

控制柜应水平放置在地面。控制柜每侧应保留 50 mm 的空隙，以确保空气流通顺畅。

示教盒可以悬挂在控制柜上，确保电缆不易被踩到。

确保控制柜、示教盒和电缆不接触液体。潮湿的控制柜可能导致人员触电。

控制柜和示教盒不得暴露在灰尘中或超出 IP54 等级的潮湿环境下，密切注意存在传导性灰尘的环境。

2. 电缆连接

控制柜底部有三个接口，使用前要把对应的电缆插入相应的接口中，如图 3-14 所示。

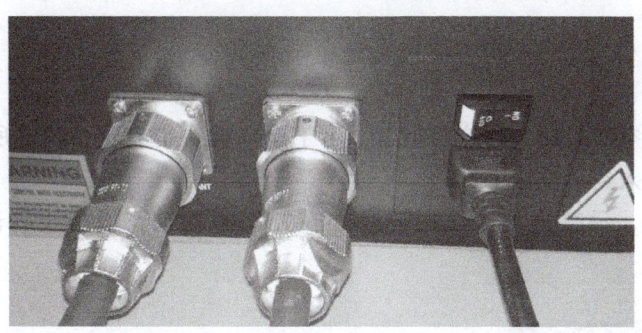

图 3-14　控制柜底部接口

（1）机器人电源连接　从包装箱取出控制柜电源电缆，电缆一端为三角型插头（220V，16A），另一端为品字型插头如图 3-15 所示，把品字形插头插到控制柜电源接口上，注意插入方向。

（2）机械臂与控制柜连接　如图 3-16 所示，在利用机器人电缆将控制柜与机械臂本体进行连接前，先将机械臂接口上的防尘帽从插座上拧下来；分别将插头和插座的插针与插孔对准，判断的标志是插座上的豁口和插头上的突起对齐，然后将插头插入插座中；将插头上的紧固螺母沿顺时针（沿插头向插座方向）旋转，直到听到"咔嚓"一声，即连接成功。

（3）示教盒电缆连接　如图 3-17 所示，示教盒电缆采用两端都是航空插头的设计。连

a) 电源电缆

b) 电缆品字形插头

c) 电控柜电源接口

图 3-15　机器人电源连接示意图

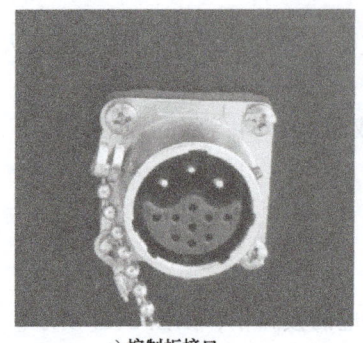

a) 控制柜接口

b) 机器人电缆

c) 机械臂接口

图 3-16　机械臂与控制柜连接示意图

接时，应将弯管航空插头插入到控制柜上，由于航空插头带有定位槽，所以需要注意方向。直管航空插头应插入到示教盒上。

需要注意的是，示教盒不被使用时应挂在控制柜侧壁，以防止跌落损坏，如图 3-18所示。

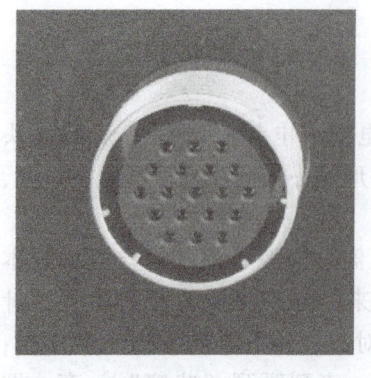

a) 控制柜接口

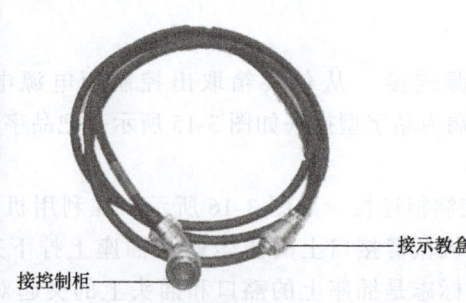

接控制柜　　　　　接示教盒

b) 示教器电缆

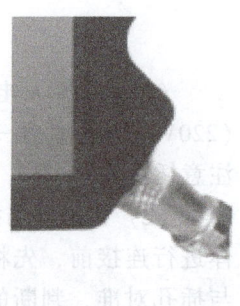

c) 示教盒接口

图 3-17　示教盒电缆连接示意图

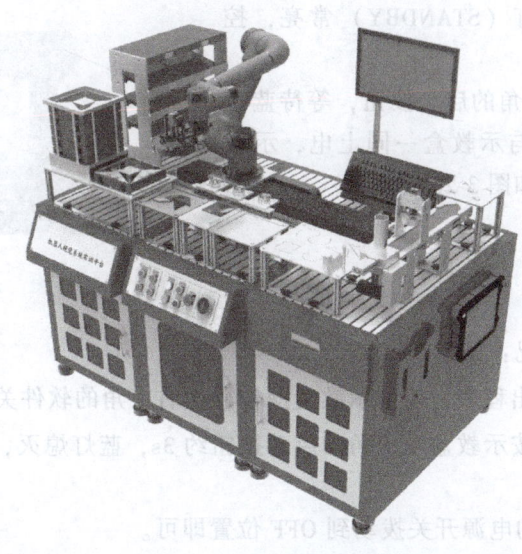

图 3-18 示教盒侧壁悬挂边置

请确保机器人以正确的方式接地(电气接地)。接地连接器额定电流应达到系统内最大电流的额定值。

请确保所有的电缆在控制柜通电前都正确连接,并始终正确使用原装的电源线。

切勿在机械臂开启时断开机器人电缆。

切勿延长或改装原电缆。

3.4.2 机器人启动

1. 系统上电

确认所有电缆均安插无误后,把电源开关从 OFF 拨动至 ON 状态,此时,电源指示灯亮起如图 3-19 所示。

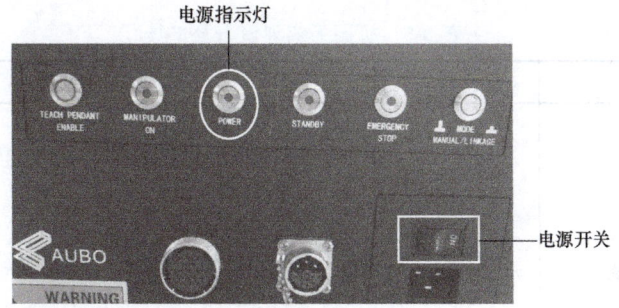

图 3-19 控制柜面板

2. 示教盒和机器人上电

1)通过 MODE 按钮选择使用模式,默认模式为 MANUAL（手动）模式。

2）等待橙色指示灯（STANDBY）常亮，控制柜进入待机状态。

3）按下示教盒左上角的启动按钮，等待蓝色灯点亮。此时，机器人与示教盒一同上电，示教盒屏幕显示开机画面，如图 3-20 所示。

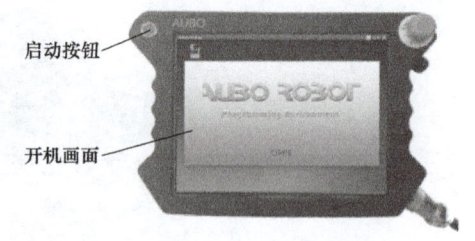

启动按钮

开机画面

图 3-20　示教盒上电状态

3.4.3　机器人关机

1. 断开机器人和示教盒电源

它包括以下两种情况：

（1）正常退出　退出程序，按下示教盒操作界面右上角的软件关闭按钮 ⏻，退出程序。

（2）强制关机　长按示教盒左上角的启动按钮约 3s，蓝灯熄灭，示教盒和机器人断电。

2. 断开控制柜电源

将控制柜前面板上的电源开关拨动到 OFF 位置即可。

警告！

直接从壁式插座上拔下电源线关闭系统可能导致机器人文件系统损坏，进而可能致使机器人功能出现故障。

3.5　机器人安装实训

1. 实训目的

1）掌握 AUBO-i 机器人的安装方法。

2）掌握 AUBO-i 机器人正确的电气连接方式与开、关机方式。

3）掌握 AUBO-i 机器人拆卸装箱方法。

4）了解安装过程中的注意事项。

2. 实训设备及工具

具体的设备及工具见表 3-5。

表 3-5　机器人实训设备及工具

设备及工具	数量	实物图
AUBO-i 机器人系统	1 套	

（续）

设备及工具	数量	实物图
内六角扳手	1套	

3. 实训内容与步骤

1）AUBO-i 机器人安装实训的内容包括：① 确定机器人工作空间；② 在底座上安装机器人本体；③ 进行电缆连接；④ 开机启动机器人。

2）AUBO-i 系列机器人的安装启动步骤见表3-6。

表 3-6　机器人安装启动步骤说明

序号	步骤说明	实物图
1	准备实训设备及工具，并拆箱检查设备是否齐全。设备应包括机器人本体、控制柜、示教盒、电缆、底座及内六角扳手	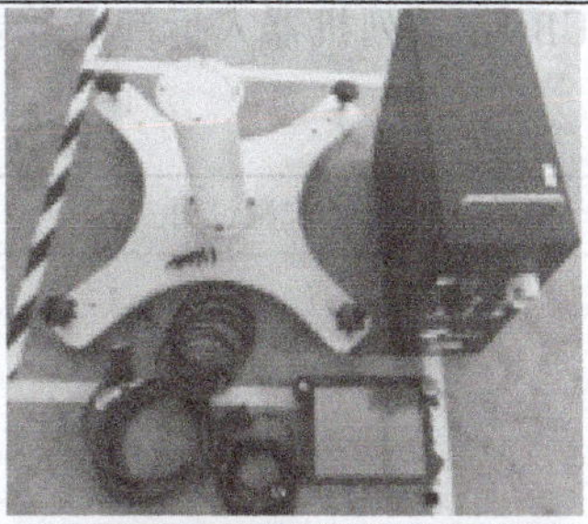
2	将机器人本体安装在底座上，可参考 3.3.3 小节	
3	将机器人本体与控制柜、示教盒与控制柜、电源电缆与控制柜进行连接，可参考 3.4.1 小节	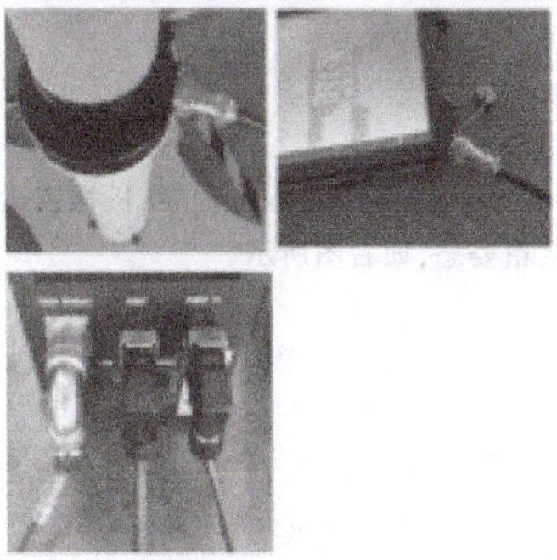

（续）

序号	步骤说明	实物图
4	将系统上电,启动示教盒并开机,可参考3.4.2小节	
5	在关闭系统前,需要将机械臂复位到初始姿态	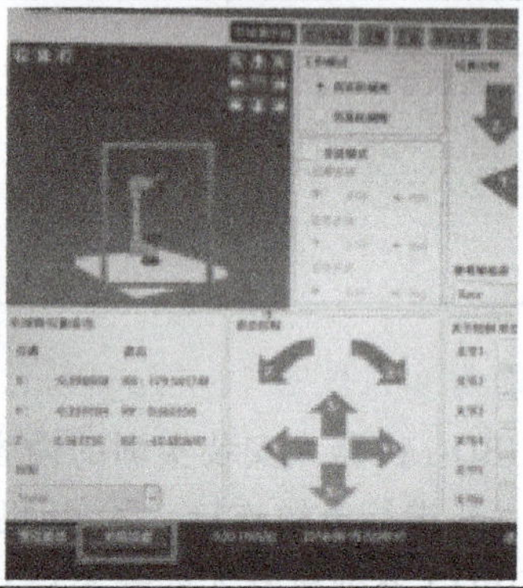
6	关闭机器人。首先断开机器人和示教盒电源,然后断开控制柜电源,可参考3.4.3小节	

3）AUBO-i 系列机器人拆卸装箱步骤见表3-7。

表3-7　机器人拆卸装箱步骤说明

序号	步骤说明	实物图
1	① 关闭机器前,示教盒会先加载 Package 程序,界面如右图所示	
	② 系统运行 Package 程序,机械臂运动形成装箱姿态,如右图所示	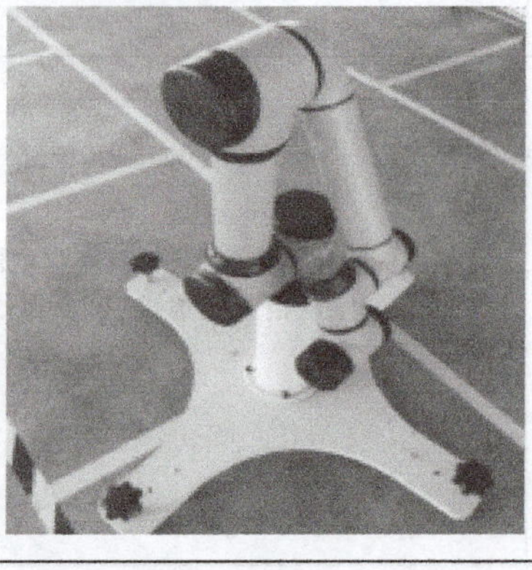

（续）

序号	步骤说明	实物图
2	关闭机器人	
3	断开所有电缆的连线，拆卸机械臂与底座的连接。如果安装了末端工具，还需要拆卸末端工具	
4	机器人本体、控制柜、示教盒、电缆分别装箱	
5	所有设备装箱后密封，放置于干燥处保存	

4. 注意事项

1）安装环境条件应满足无机械冲击、无振动、无腐蚀性气体或液体、无易燃物品，应避免阳光直射，温度控制在 0℃ ~45℃ 的低湿度环境。

2）应将机器人安装在一个坚固的基面，该基面应当足以承受至少十倍于机座关节的完全扭转力，以及至少五倍于机器人本体的重量。并且，该表面不能有振动，具体承载力数据应参阅机器人用户手册。

3）每次安装完机器人后都必须进行安全评估。

4）如果额外组件（如电缆）并不是遨博（北京）智能科技有限公司提供范围内的，且被集成到了工业机器人中，使用者有责任确保这些组件完全没有影响并且不会影响机器人的安全功能。

思考与练习

3.1　请简述人机协作机器人的特点。

3.2　请分别简述以下指示灯的功能：POWER、STANDBY、EMERGENCY STOP、MANIPULATOR ON。

3.3　机械臂的工作范围是指什么？选择机器人安装位置时，务必考虑哪些因素？在实际应用中，关节 1 至关节 6 的转动角度范围是多少？

3.4　请简述怎么连接机器人与电缆。

3.5　请简述机器人的关机顺序并进行分步骤说明。

3.6　请简述实际操作中应该如何正确安装 AUBO-i 机器人。

第4章 工业机器人外围设备

知识目标

✓ 了解工业机器人的工作原理及运行特点。

✓ 掌握机器人在集成项目中的应用。

✓ 熟悉与机器人配合的外围设备。

技能目标

✓ 掌握主要外围设备的应用。

✓ 学会简单集成项目的设备搭配。

✓ 了解工业机器人在实际项目中的应用。

4.1 末端执行器

末端执行器，又称为末端操作器、末端操作手，有时也被称为手部、手爪、机械手等，其不同的种类由机器人的不同作业性质决定。在某些定义中，末端执行器指机器人的末端，从这种角度来看，末端执行器相当于机器人的附属机构。从广义上来说，末端执行器可以被定义为机器人用以与外界工作环境交流的主要机构。

工业机器人末端执行器的应用能够实现自动夹持或增压定位。在末端执行器与机械臂之间安装微型定位器能够实现机床的精确定位，这样的设计可以使末端执行器在特殊的加工环境下也保证高精确度，排除由定位夹持不精确而带来的加工误差。

机器人末端执行器作为机器人的"手部"，会决定机器人的工作内容，但往往末端工具并不在机器人的标配范围之内，需要使用者自行配置。常见的末端执行器有焊枪和手爪等。

4.1.1 手爪

机器人手爪既是一个主动感知工作环境的感知器，又是一个执行器，是一个高度集成的末端执行器。根据抓取对象的不同，手爪被设计为不同的形式，目前常见的有机械手爪、电磁吸盘手爪、气动吸盘手爪、柔性手爪等，如图4-1~图4-4所示。

4.1.2 快换工具

在一些项目中，机器人要满足多种应用需求，一种工具往往不能同时具有多种功能，这时就需要给一个机器人定制多个末端执行器，同时需要在末端执行器和机器人法兰上安装快换接头，来保证机器人在多个末端执行器中进行自动切换。

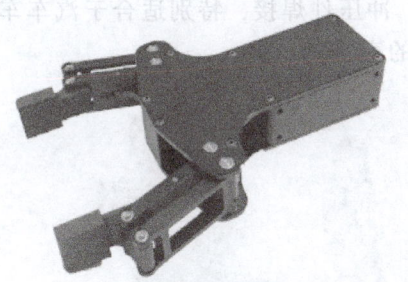

图 4-1　机械手爪

图 4-2　电磁吸盘手爪

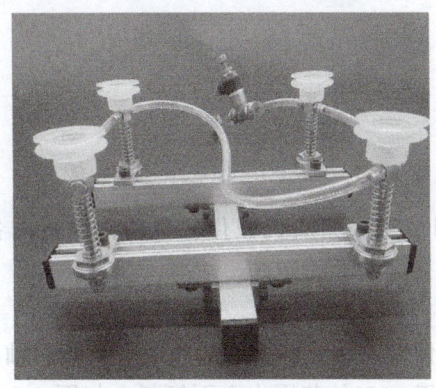

图 4-3　气动吸盘手爪

图 4-4　柔性手爪

快换接头通常由主盘和工具盘组成，如图 4-5 所示。主盘安装在工业机器人法兰上，工具盘与末端执行器连接，快换接头的释放和夹紧可以通过气动的形式来实现。

当快换接头处于释放状态时，主盘上的释放口开始供气，产生的推力使活塞杆处于下压状态。钢球收于内侧。当快换接头需要夹紧时，主盘上的夹紧口开始供气，主盘内活塞和内部弹簧使活塞杆回拉，并由钢球将工具盘定位夹紧套按压在着座面上。

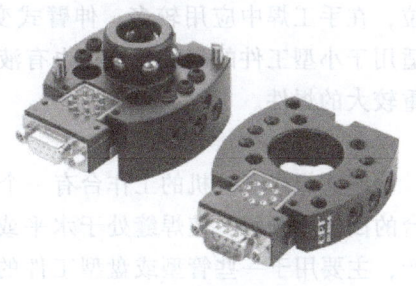

图 4-5　快换接头

4.1.3　焊枪

焊枪使焊机的高电流、高电压产生的热量聚集在焊枪终端，熔化焊丝，熔化的焊丝渗透到需焊接的部位，冷却后，被焊接的物体牢固地连接成一体。焊枪功率的大小取决于焊机的功率和焊接材质。焊接机器人可分为两类，即弧焊机器人与点焊机器人，故焊枪也有所区别，如图 4-6 和图 4-7 所示。

弧焊是以电弧作为热源，利用空气放电的物理现象，将电能转换为焊接所需的热能和机械能，从而达到连接金属的目的。主要方法有焊条电弧焊、埋弧焊、气体保护焊等。弧焊是应用最广泛、最重要的熔焊方法，占焊接生产总量的 60% 以上。

点焊是指利用柱状电极，在两块搭接工件接触面之间形成焊点的焊接方法。点焊时，先加压使工件紧密接触，随后接通电流，在电阻热的作用下使工件接触处熔化，冷却后形成焊点。点焊主要用于厚度 4mm 以下的薄板构件、冲压件焊接，特别适合于汽车车身和车厢、飞机机身的焊接，但不能用于焊接有密封要求的容器。

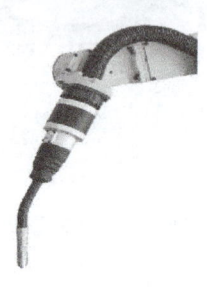

图 4-6　弧焊焊枪

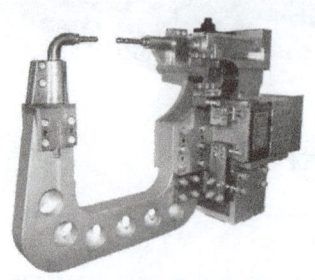

图 4-7　点焊焊枪

4.2　变位机

变位机是改变焊件、焊机或焊工的空间位置来完成机械化、自动化焊接的各种机械设备。一般情况下有伸臂式、座式和双座式这三种常见的样式。

1. 伸臂式焊接变位机

伸臂式焊接变位机的回转工作台安装在伸臂一端，伸臂一般相对于某倾斜轴回转，而此倾斜轴的位置多是固定的，但有的也可在小于 100°的范围内上下倾斜，如图 4-8 所示。此种变位机变位范围大，作业适应性好，但整体稳定性差，适用于 1t 以下的中小工件的翻转变位，在手工焊中应用较多。伸臂式变位机中，多为电动机驱动，其承载能力在 0.5t 以下，适用于小型工件的翻转变位；也有液压驱动的，其承载能力大，适用于结构尺寸不大，但自重较大的焊件。

2. 座式焊接变位机

座式焊接变位机的工作台有一个整体翻转的自由度，还有一个旋转的自由度，通过工作台的回转和倾斜，使焊缝处于水平或"船型"（45°向上）位置。该种变位机已经系列化生产，主要用于一些管型或盘型工件的焊接工作，如图 4-9 所示。座式焊接变位机稳定性好，一般不用固定在地基上，搬移方便，通常配合焊接机器人使用。

图 4-8　伸臂式焊接变位机

图 4-9　座式焊接变位机

3. 双座式焊接变位机

双座式焊接变位机是集翻转和回转功能于一身的变位机械。翻转和回转分别由两根轴驱动，夹持工件的工作台除能绕自身轴线回转外，还能绕另一轴倾斜或翻转，它可以将焊件上各种位置的焊缝调整到水平的或"船型"的易焊位置施焊，适用于框架型、箱型、盘型和其他非长型工件的焊接，如图 4-10 所示。

图 4-10　双座式焊接变位机

4.3　机器人导轨

机器人导轨又称为机器人第七轴。为扩展机器人工作空间，在一些项目中会在机器人底部安装导轨，如图 4-11 所示。机器人导轨实现了伺服电动机与螺杆的一体化设计，主要由滚珠丝杠、直线导轨、联轴器、电动机、光电开关、防尘罩、尼龙拖链等组成。机器人导轨能够将伺服电动机的旋转运动转换成机器人的直线运动，通过对伺服电动机的精确转数、扭矩控制，实现对机器人的精确速度、位置、推力控制，增加机器人在水平方向的直线运动。

在一些项目中，出于节省地面空间的考虑，采用桁架式单轨高精度移动平台，可同时承载两台机器人，根据生产任务和工序安排，实现机器人重构作业和多任务协同工作，其结构如图 4-12 所示。

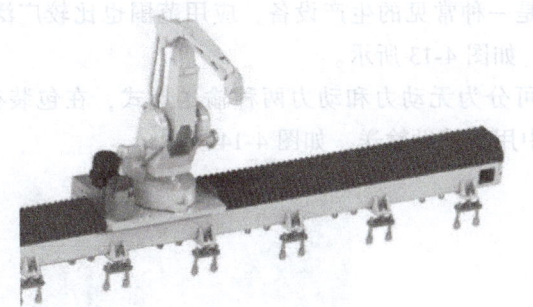

图 4-11　机器人导轨

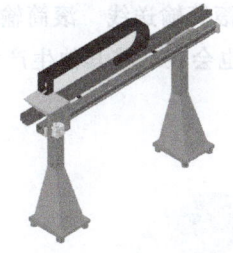

图 4-12　桁架式导轨

以机械制造的应用为例，机器人导轨主要具有如下功能。

1. 机器人移动与定位

位置精度由编码器精确检测、由伺服系统控制电动机保证，重复定位精度在 ±0.06mm 范围之内。移动速度可在 0~30m/min 范围内根据需求任意设置。

2. 系统程序控制

第七轴系统与机器人的信号接口、机床系统接口之间全部采用数字信号传输，从而保证相互之间的稳定性及可靠性。具备手动和自动两种运行控制方式，手动方式下可单独操作某一个工位，自动方式下按设定的程序自动运行。

3. 安全保护

外用钥匙保护开关：当某个模架不用时（如某个模架出现故障需维修的情况），可以采用外用钥匙保护开关跳过此模架，这样不会因为人为的误操作或其他意外而造成产品报废。

急停按钮：每台模架都具备在紧急情况下停止整个系统的急停按钮。

4. 软件功能

工位无序加工：随机激发加工信号时，第七轴能够根据激发的先后顺序依次完成加工工作并且在信号复位后能够清除掉所有未执行的加工工作。

急停连锁功能：随意激发任何一个急停按钮时，第七轴能够立即中止正在进行的动作，只有在该急停状态重新复位后设备才能恢复正常运行。

信号安全保护：在较短的时间内连续给出两次信号时，第七轴只执行一次信号而不会连续动作两次。

5. 接口

所有硬件接口和软件功能由供需双方协调保障。

4.4 输送线

输送线是指在一定的线路上连续输送物料的物料搬运机械，又称流水线。输送线可进行水平、倾斜和竖直输送，也可组成空间输送线路，输送线路一般是固定的。输送线输送能力大，运距长，还可以在输送过程中同时完成若干工艺操作，所以应用十分广泛。输送流水线在现代工业生产中发挥着重要作用，在食品、电子产品包装、化工、家电组装、汽车制造等行业都有应用。输送线依据输送链条（板）的不同可以分为以下几类。

（1）皮带输送线　皮带输送线是一种常见的生产设备，应用范围也比较广泛，在食品、电子、包装、化工等行业都有应用，如图4-13所示。

（2）滚筒输送线　滚筒输送线可分为无动力和动力两种输送形式，在包装行业应用广泛，同时也会在一些其他生产设备中用于辅助输送，如图4-14所示。

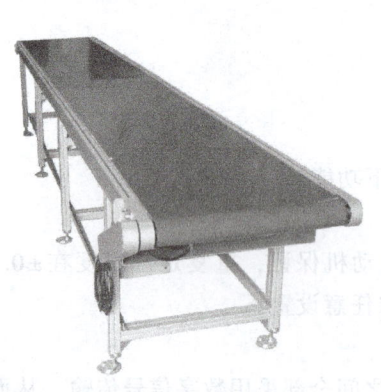

图4-13　皮带输送线

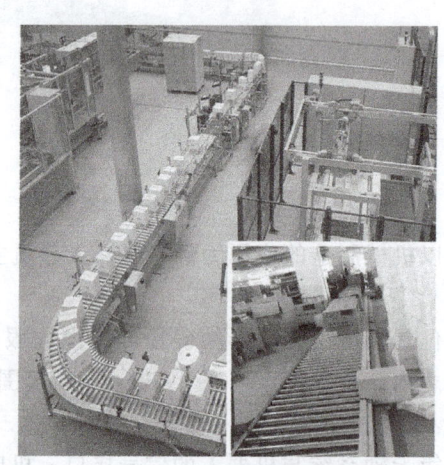

图4-14　滚筒输送线

（3）链板输送线　链板输送线是以金属板为输送链，可以承载较重的物品，因此，链板输送线比较适合应用于重工业生产，如汽车制造、电视机生产等，如图4-15所示。

（4）倍速链输送线　倍速链输送线属于自流式输送系统，主要用于装配及加工生产线中的物料输送，其输送原理是运用倍速链的增速功能，使其上承托货物的工装板快速运行通过，并利用阻挡机构使其停止于相应的操作位置，或者通过相应指令来完成堆放动作及移行、转位、转线等功能，如图4-16所示。

图 4-15　链板输送线

图 4-16　倍速链输送线

4.5　工业相机

工业相机是机器人应用领域中比较重要的组成部分，是机器视觉系统中的关键组件，其最本质的功能就是将光信号转变成有序的电信号。选择合适的工业相机是机器视觉系统设计中的重要环节，工业相机的选择不仅直接决定所采集到的图像分辨率、图像质量等，同时也与整个系统的运行模式直接相关。工业相机广泛应用于分拣行业、质检行业及包装行业。

一套完整的工业相机包含智能相机、光源、光电开关等，如图4-17所示。工业相机可以对物料进行识别、定位和精度测量，可以与机器人进行通信、交互处理结果。工业相机按照芯片类型可以分为 CCD 相机、CMOS 相机；

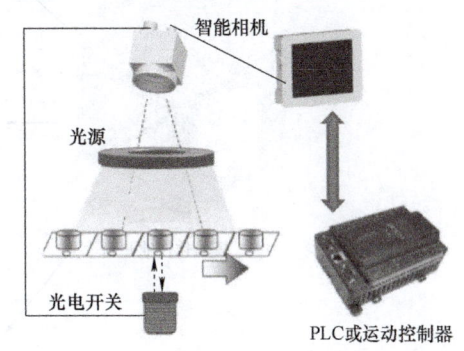
图 4-17　工业相机组成

按照传感器的结构特性可以分为线阵相机、面阵相机；按照扫描方式可以分为隔行扫描相机、逐行扫描相机。

4.6　机器人技术实训平台

在教育行业中为了方便教学，往往将一些工业中常用的设备以模块的形式安装在平台之上，这样既能展示不同设备在机器人应用中产生的作用，又可以减小占地面积，同时便于移动。下面以一款搬运码垛应用的实训平台为例，如图4-18所示，将机器人、末端执行器、输送线、仓储、物料、电气控制面板等集合到一起来完成机器人在行业中的集成演示。

对于这样的平台，一般可以搭配多种机器人末端执行器，演示模块也是可以更换的，这样也可以更好地满足教学需要，不同的功能模块如图4-19所示。

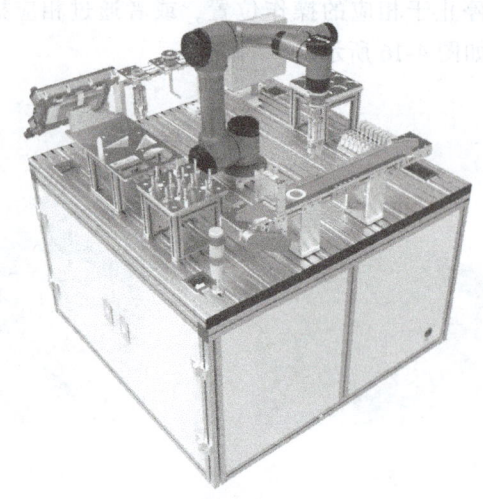

图 4-18　机器人技术实训平台

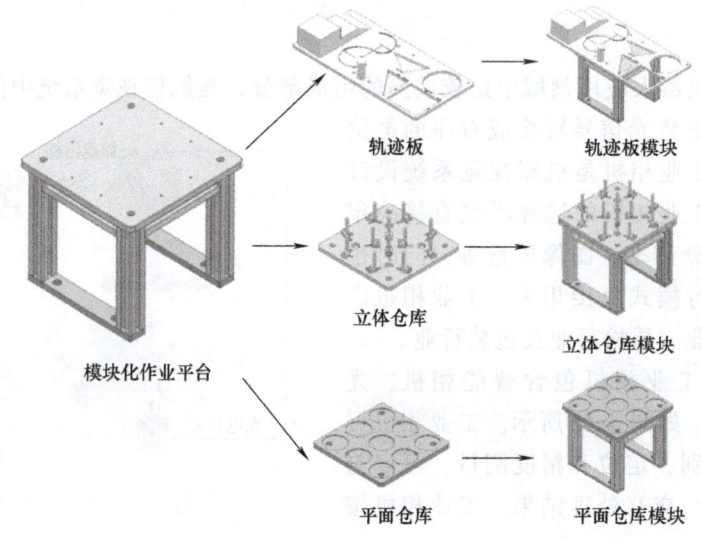

图 4-19　不同的功能模块

4.6.1　轨迹示教模组

轨迹示教模组如图 4-20 所示，包括：作业平面（水平面、竖直面、任意倾斜面），运动轨迹（直线运动、圆运动、圆弧运动、曲线运动等），运动方式（坐标平移、坐标旋转），定位方式（TCP 标定）。

学生可以通过此模组练习工业机器人的基本运动方式，对工业机器人的操作和使用有一定的指导作用。

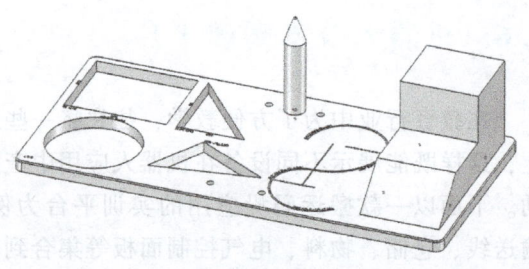

图 4-20　轨迹示教模组

4.6.2　输送线模组

输送线模组由伺服电动机、减速器、控制器、同步带轮等组成，安装在工作站上，用于传输检测工件，如图4-21所示。直线输送系统可进行方向、速度、位置控制，可对工件进行输送和启停控制。输送线末端设置用于限位的阻挡气缸，从而精确控制工件在输送线上的位置。

4.6.3　末端执行器

末端执行器模组可实现协作机器人不同末端执行器的自动更换，使本实训台的工作流程更具柔性。末端执行器包含气动抓手、模拟焊枪、拖动示教把手等，如图4-22所示。

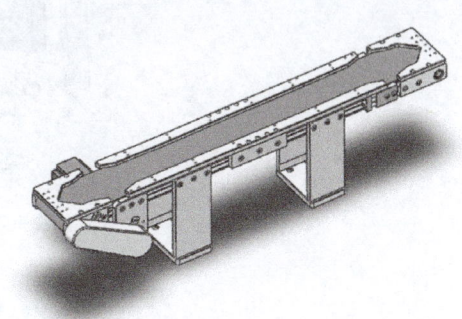

图4-21　输送线模组

4.6.4　码盘/码垛模组

码盘/码垛模组可用来进行工业机器人搬运、码垛工艺学习，模组包含立体料盘和平面料盘，如图4-23所示。

立体料盘：共包含四个仓位，每个仓位范围可调，允许容纳的圆形工件直径范围为40~68mm，高度范围为0~50mm。该实训工作站配套使用的圆形工件为6908轴承，最多允许放置十六个轴承。

平面料盘：共包含九个仓位，仓位尺寸不可改变，允许放置九个轴承。

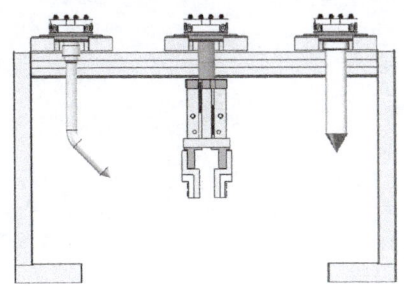

图4-22　末端执行器模组

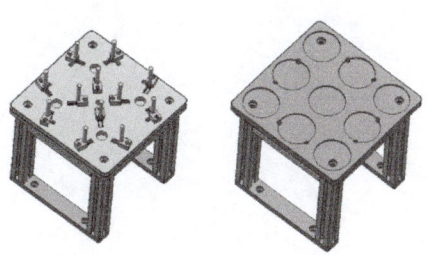

图4-23　码盘/码垛模组

4.6.5　PLC及HMI模组

整套工作站的电控系统采用三菱公司的FX3U系列PLC，以及威纶通7寸HMI触摸屏模组，如图4-24所示。PLC和HMI模组是工作站控制部分的核心组件，除机器人控制外的所有电气控制均由此模组完成，在教学实训中学生可以学习掌握PLC控制及编程、HMI人机交互模组的使用等最常用的工业自动化技术。

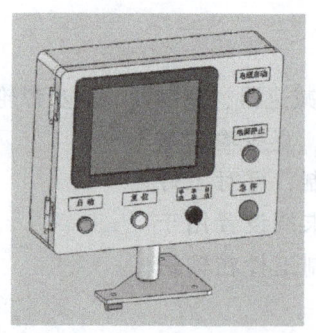

图 4-24　HMI 模组

思考与练习

4.1　机器人应用中主要的外围设备有哪些？

4.2　机器人有哪些常见应用？

4.3　列举常见的机器人末端执行器？

4.4　工业上常用的输送线有哪几种？

4.5　教育中机器人技术实训平台有哪些模块组成？

第 5 章　机器人示教盒操作

知识目标

✓ 掌握示教盒的操作方法、参数和系统设置。

✓ 掌握机器人的拖拉示教和手动示教方法。

✓ 熟悉机器人相关外围设备的配置、操作及应用。

技能目标

✓ 熟练掌握机器人的坐标标定方法，并且能够多方位设置坐标系。

✓ 熟练掌握机器人的示教编程。

✓ 熟练掌握机器人与外围设备的配合使用方法，并且能够对机器人进行功能扩展。

5.1　示教盒基础介绍

示教盒是进行机器人的手动操纵、程序编写、参数配置及监测控制的手持装置。其具体结构功能已在 3.3 节有所介绍，不再赘述。

示教盒外壳的设计兼具美学和人体工程学，其背后有一根尼龙绳带和两个挂环，如图 5-1 所示；前者用于持握示教盒，后者则用于将示教盒悬挂在电控柜上。力控开关属于三位置使能开关，可以实现回避危险的 OFF（放开）→ON→OFF（按压）的三位置动作，当开关处于 ON 状态时，可以拖动机器人进行示教操作。

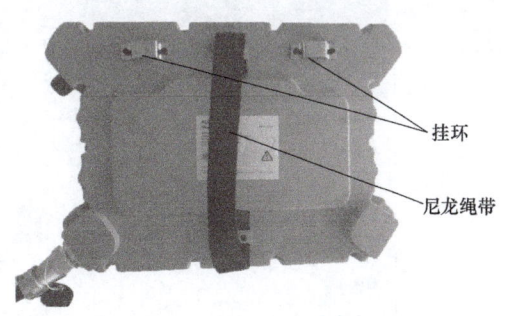

图 5-1　示教盒组成示意图

在示教盒上打开 AUBO 机器人控制软件后，屏幕上展现的是 AUBORPE 用户操作界面。图 5-2 所示为示教盒参数设置界面，包括碰撞等级设置和工具名称设置等。碰撞等级为安全等级设置，共有 0~9 十个安全等级，等级越高，机械臂碰撞检测后停止所需的力越小，第 6 级为默认等级。工具名称则可以选择"flange_center"。

在设置界面设置完毕之后，依次单击"保存""启动"按钮后，进入示教界面，如图 5-3 所示。该操作界面分为六个页面：机械臂示教、在线编程、设置、扩展、系统信息和关于。各页面都含有不同的操作按钮及显示信息。机械臂示教页面主要用于机器人示教操作；在线编程页面用于机器人编程操作；设置页面主要用于机器人的 I/O 设置和状态显示、外围

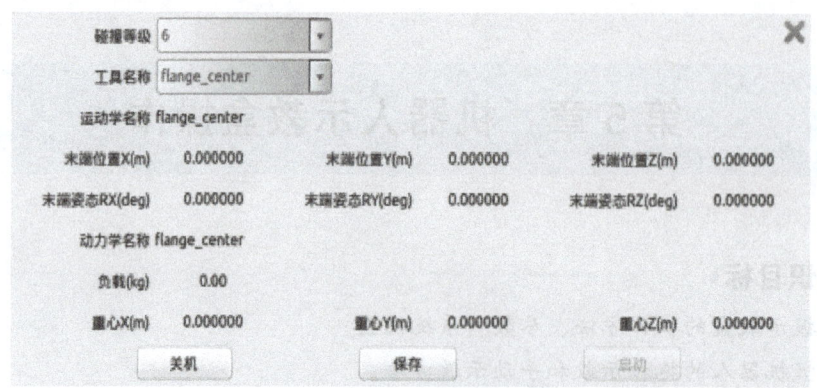

图 5-2　示教盒参数设置界面

设备的设置及显示、机械臂初始位置设置、工具和坐标系标定的设置、安全配置和系统设置等。

本章将详细介绍机械臂示教页面、设置页面、系统信息和关于页面，而在线编程页面将在第 6 章中单独进行介绍。

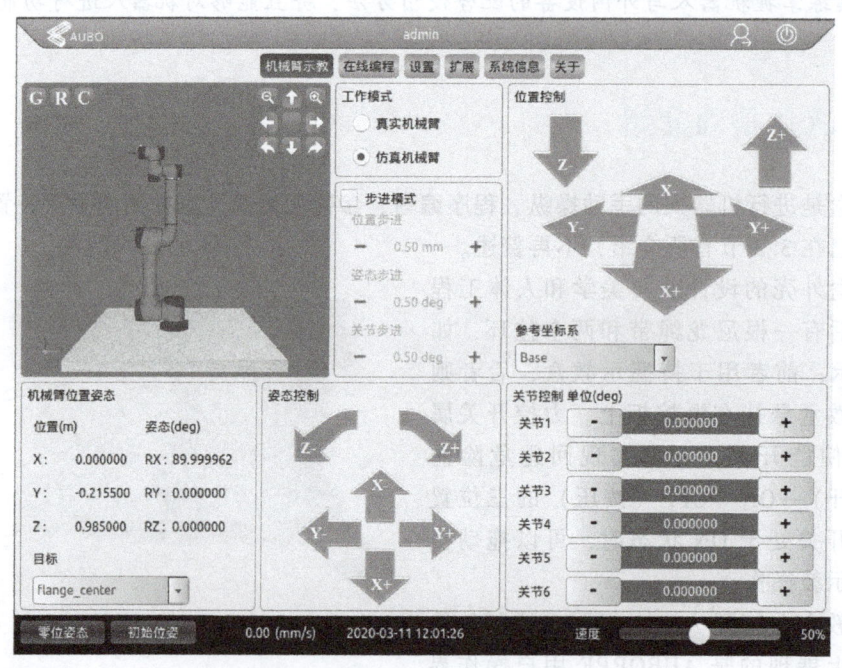

图 5-3　机器人示教界面

5.2　坐标系设定

在机器人的各个坐标系中，世界坐标系是系统的绝对坐标系，在没有建立用户坐标系之前，画面上所有点的坐标都是以世界坐标系的原点来确定各自位置的。世界坐标系是一个被固定在由机器人事先确定的位置上的标准直角坐标系，如图5-4所示。用户坐标系是基于该坐标系而设定的，用于位置数据的示教和执行。

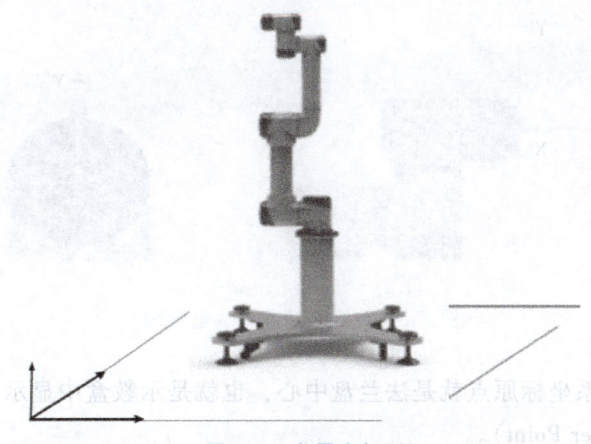

图5-4 世界坐标系

5.2.1 基坐标系设定

基坐标系是设置在机器人基座上的坐标系，坐标原点一般为基座中心点。可以通过在基坐标系X轴、Y轴、Z轴上的位移和旋转角来确定机器人末端法兰或执行器的位置和姿态，如图5-5所示。

基坐标系遵循右手法则，是其他坐标系的基础。右手法则如图5-6所示，当操作人员手持示教盒站在机器人正前方位置并面向机器人，举起右手于视线正前方摆手势，则食指所指方向即为全局坐标"X+"方向，中指所指方向即为全局坐标"Y+"方向，拇指所指方向即为全局坐标"Z+"方向。

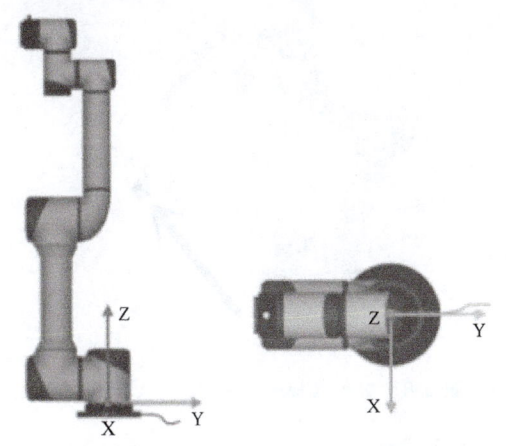

图5-5 机器人基坐标系位置设定

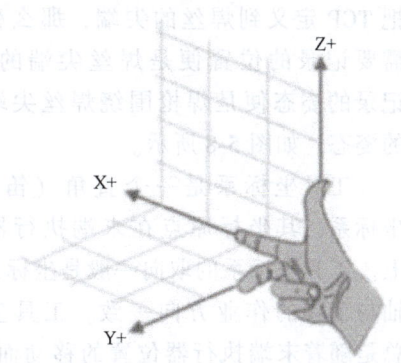

图5-6 X/Y/Z姿态位置关系图

5.2.2 末端坐标系设定

末端坐标系是设置在机器人法兰盘中心的坐标系，同样也遵循右手法则。在示教盒界面中如果选择末端坐标系控制机器人，则机械臂将会按照图5-7所示的末端坐标系进行运动。

图 5-7　机器人工具末端坐标系

默认的末端坐标系坐标原点就是法兰盘中心，也就是示教盒中显示目标里的 TCP，即工具中心点（Tools Center Point）。

5.2.3　工具坐标系标定

为了准确描述一个刚体在空间的位姿（即位置和姿态），需要在刚体上固定连接一个坐标系，然后确定该坐标系位姿。这种位姿包括该坐标系原点位置和三个坐标轴姿态，也就是要用六个 DOF（Degree of Freedom，即自由度）来完整描述一个刚体的位姿。对于工业机器人，在末端法兰盘安装末端执行器进行作业时，为了确定该末端执行器的位姿，同样需要在其上设定一个工具坐标系（Tool Coordinate System，TCS），TCS 的原点就是 TCP。对机器人进行轨迹编程时，操作人员必须将 TCS 在其他坐标系中的位姿记录到程序中。

AUBO-i5 机器人预先定义了一个 TCS，TCS 的 XY 平面就是机器人第六轴的法兰盘平面，此时，TCS 的原点与法兰盘中心重合，因此 TCP 位于法兰盘中心。但是在实际使用中，例如焊接作业时，操作人员通常把 TCP 定义到焊丝的尖端，那么程序里需要记录的位置便是焊丝尖端的位置，记录的姿态便是焊枪围绕焊丝尖端转动的姿态，如图5-8所示。

工具坐标系是一个直角（笛卡尔）坐标系，其坐标原点在末端执行器顶端上。工具坐标系的取向一般是坐标系的 X 轴与工具的作业方向一致。工具坐标系总是随着末端执行器位置的移动而移动。

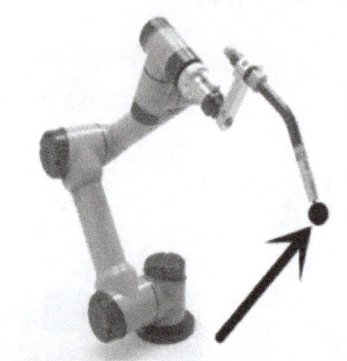

图 5-8　机器人焊接工具坐标系设定

也就是说，设置在机器人末端执行器的工具坐标系，其原点及方向都是随着末端执行器的位置与角度不断变化的，该坐标系实际是将基础坐标系进行旋转及位移变化而来的，如图5-9所示，设定工具坐标系后，机器人控制点沿设置在末端执行器尖端点的 X、Y、Z 轴做平行移动。工具坐标系的移动，以工具的有效方向为基准，与机器人的位置、姿态无关。所以，进行不改变工具姿态的平行移动操作是最为合适的。

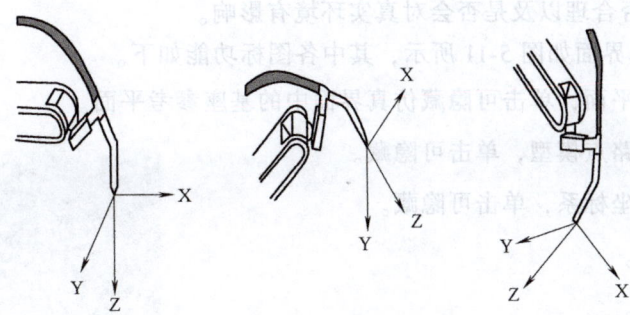

图 5-9　工具坐标系

5.3　机械臂示教

机械臂示教页面用于进行机器人的示教操作，可以通过单击其中的图标来移动机器人。同时，机器人的运动信息也会反馈在屏幕上。机械臂示教页面如图 5-10 所示，共由十一个部分组成：①软件关闭按钮，②页面选择栏，③机器人 3D 仿真界面，④机器人仿真切换按钮，⑤步进模式控制，⑥位置姿态控制，⑦机器人实时状态的末端位置、姿态参数显示，⑧姿态控制，⑨关节控制，⑩零位姿态、初始位姿按钮，⑪机器人时间显示、运动速度控制及显示。

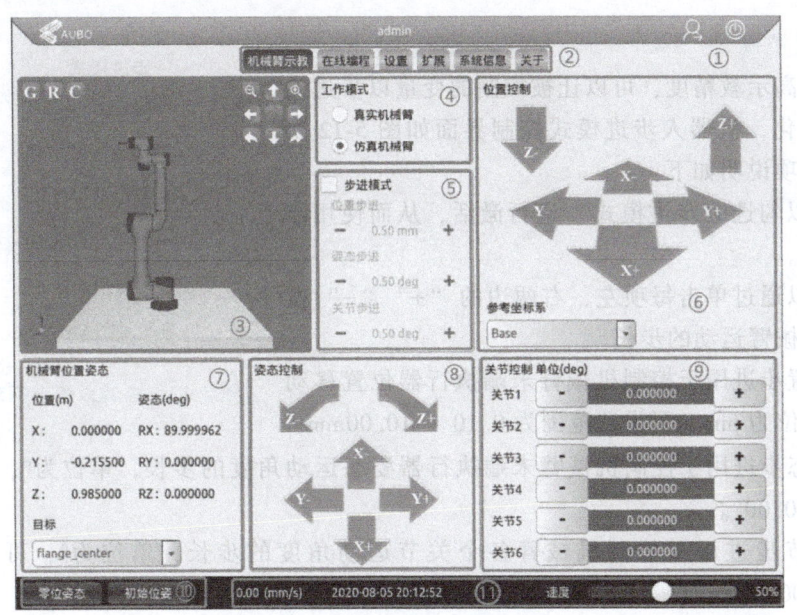

图 5-10　机械臂示教页面

在页面选择栏中单击名称按钮即可进行切换，若某个页面被选中，则其按钮背景将变成深色，图 5-10②处所示即为机械臂示教页面被选中的状态。

5.3.1　机器人 3D 仿真界面

机器人 3D 仿真界面的作用是在脱离真实机械臂的情况下，可以根据仿真环境来检验机器人的控制程序是否合理以及是否会对真实环境有影响。

机器人 3D 仿真界面如图 5-11 所示，其中各图标功能如下。

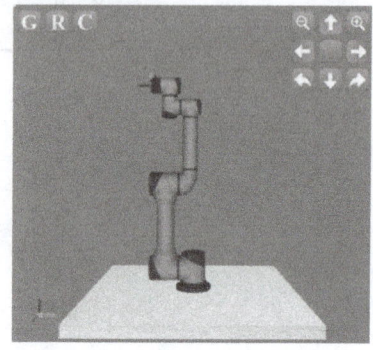

G：表示基座平面，单击可隐藏仿真界面中的基座参考平面。

R：表示实际路点模型，单击可隐藏。

C：表示用户坐标系，单击可隐藏。

Q：缩小按钮。

Q：放大按钮。

↑：向上平移按钮。

↓：向下平移按钮。

←：向左平移按钮。

→：向右平移按钮。

图 5-11 机器人 3D 仿真界面

↰：顺时针旋转按钮。

↱：逆时针旋转按钮。

■：复位按钮。

5.3.2 运动控制方式

1. 步进控制

为了提高示教精度，可以让被控制的变量以步进的方式精确变化，机器人步进模式控制界面如图 5-12 所示，其中各项说明如下：

1）可以勾选"步进模式"进行激活，从而使用步进控制方式。

2）可以通过单击每项左、右两边的"+""-"按钮来调整机械臂运动的步长。

3）位置步进用于控制机械臂末端执行器位置移动的步长，单位为 mm，可设置范围为 0.10 ~ 10.00mm。

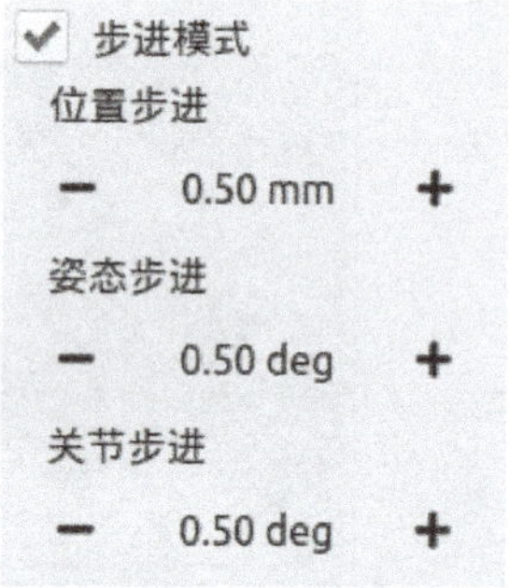

图 5-12 机器人步进模式控制界面

4）姿态步进用于控制机械臂末端执行器姿态运动角度的步长，单位为°，可设置范围为 0.10 ~ 10.00°。

5）关节步进用于控制机械臂各个关节运动角度的步长，单位为°，可设置范围为 0.10 ~ 10.00°。

6）步进模式只对机械臂末端执行器控制及关节轴控制有效。

2. 位置控制

机械臂末端可以通过基坐标系、工具坐标系及用户自定义平面坐标系来实现位置控制，如图 5-13 和图 5-14 所示，并且可以在不同的坐标系下对机械臂末端进行示教。

机械臂位置姿态界面如图 5-15 所示。其中，X、Y、Z 表示工具法兰中心点（选定的工具坐标系）在选定坐标系下的坐标，而 RX、RY、RZ 表示相对于选定坐标系旋转的角度值，

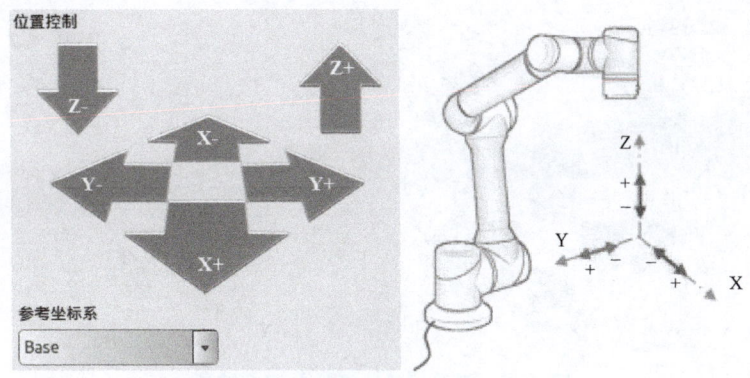

图 5-13　基坐标系为基准的位置控制

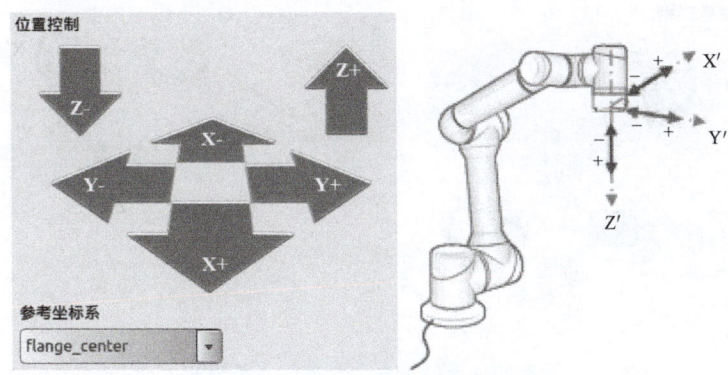

图 5-14　末端法兰为基准的位置控制

它们是以一定顺序绕选定坐标系旋转三次得到的方位的描述。

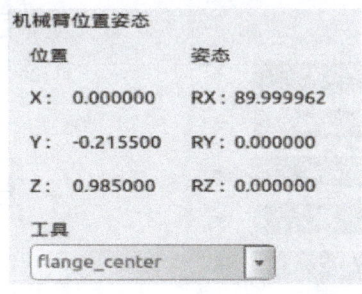

图 5-15　法兰为基准的位置姿态界面

3. 姿态控制

基坐标系和工具坐标系的姿态控制分别如图 5-16 和图 5-17 所示。

4. 关节控制

机器人一共有六个自由度，分别对应于它的六个关节，各个关节由下而上依次命名为关节 1~关节 6。只需要使用示教盒关节控制界面上的按钮就可以控制机械臂每个关节的转动，如图 5-18 所示。其中，"+"表示该关节中的电动机逆时针转动，"−"表示该关节中的电动机顺时针转动，单位为°。

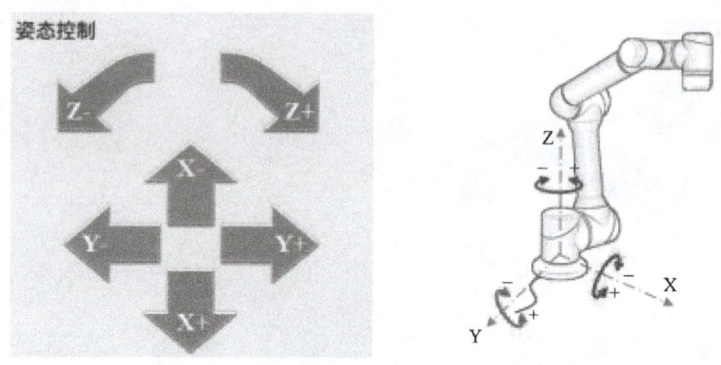

图 5-16 基坐标系为基准的姿态控制

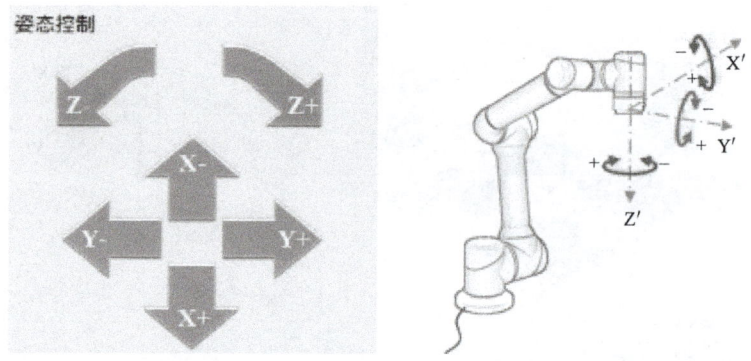

图 5-17 末端法兰为基准的姿态控制

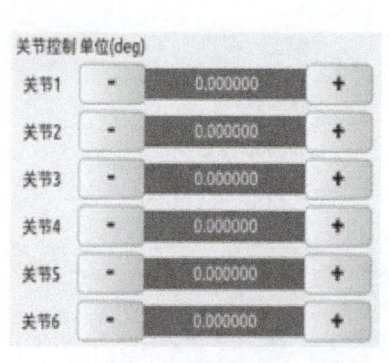
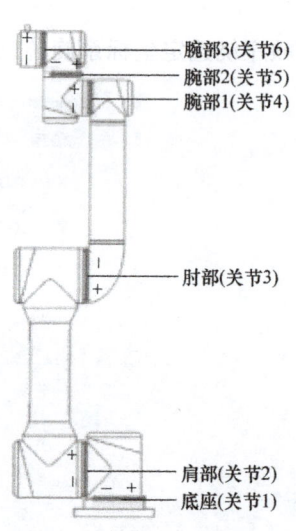

图 5-18 关节控制示意图

5.3.3 手动示教

手动示教是指通过示教盒控制机器人移动至目标位置，并使其按照设定的运动方式完成预期的动作，同时将目标位置信息记录下来。手动示教可分为关节控制示教、位置控制示教和姿态控制示教三种。其中，关节控制转动范围和最大转速如图5-19所示。

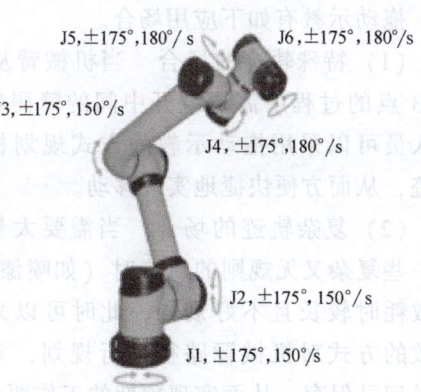

J5,±175°,180°/s   J6,±175°,180°/s

J3,±175°,150°/s

J4,±175°,180°/s

J2,±175°,150°/s

J1,±175°,150°/s

图5-19 机器人手动示教

5.3.4 拖动示教

机械臂的运动方式有很多种，操作人员可以通过示教盒控制机械臂的运动，也可以对机械臂进行拖拽，系统会记录轨迹和位姿状态，本小节重点介绍拖动示教方式。

机械臂在初始时刻有两种状态，如图5-20所示。

1）零位姿态，零位位置参数，长按可使机械臂回到零位。零位姿态出厂时已固定，使用者不可更改。

2）初始位姿，初始位姿参数，长按可使机械臂回到初始位姿。可以通过示教盒 "**设置**" → "**机械臂**" → "**初始位姿**" 操作路径来任意设定机器人的初始位姿。

1. 力控

当力控开关处于 ON 状态时，就可以拖动机器人进行示教操作，如图5-21所示。力控开关可以帮助使用者规避风险，当机械臂处于某一个位姿，且按系统自己规划的轨迹运动将会撞到物体上时，力控使能便可以帮助使用者轻松地避开风险，重新规划路径。

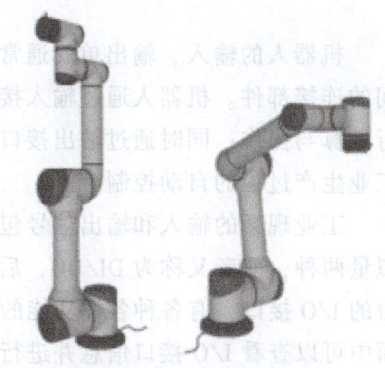

2. 拖动示教

拖动示教是指由操作人员拖动机器人末端执行器（安装于机器人末端的夹持器、焊枪、喷枪等），实现人工规划机器人运动轨迹或目标点，并将该轨迹和目标点进行记录再现，从而使机器人完成预期的动作，如图5-22所示。

零位姿态   初始位姿

图5-20 零位姿态和初始位姿

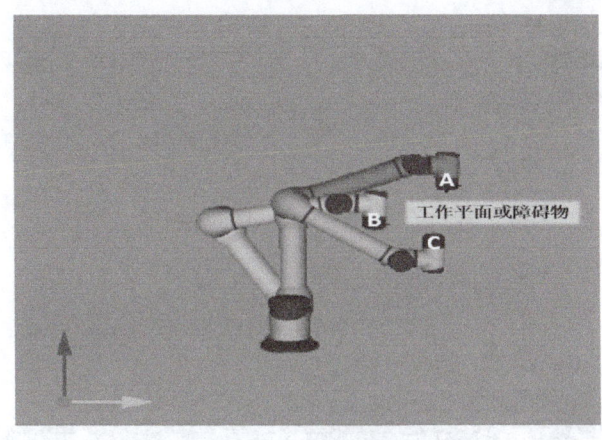

A

B

C

工作平面或障碍物

图5-21 力控避障操作

拖动示教有如下应用场合。

（1）特殊轨迹的场合　当机械臂从 A 点移至 B 点的过程中需要绕开中间的障碍物时，操作人员可以采用拖动示教的方式规划机械臂的轨迹，从而方便快捷地实现移动。

（2）复杂轨迹的场合　当需要大量重复运行一些复杂又无规则的轨迹时（如喷漆），手动示教耗时较长且不好规划，此时可以采用拖动示教的方式对机械臂路径进行规划，并将轨迹路径记录保存，从而实现预期的工作要求。

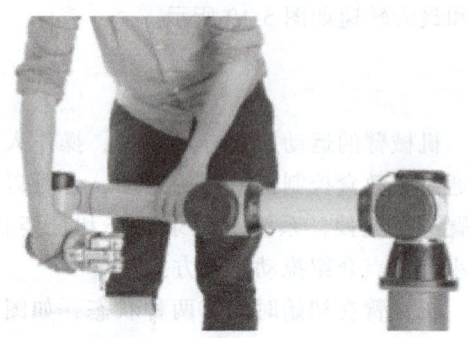

图 5-22　机器人拖动示教

5.4　I/O 介绍及设置

机器人的输入、输出单元通常称为 I/O 单元或 I/O 模块，它是机器人与工业生产现场之间的连接部件。机器人通过输入接口把外部设备的各种状态或信息读入，按照编写的程序执行运算与操作；同时通过输出接口将处理结果传送给被控制对象，驱动各种执行机构，实现工业生产过程的自动控制。

工业现场的输入和输出信号包括数字量和模拟量两类，因此 I/O 单元也分为数字量和模拟量两种，前者又称为 DI/DO，后者又称为 AI/AO。机器人提供了多种操作电平和驱动能力的 I/O 接口，有各种各样功能的 I/O 接口可供选用。操作人员在机器人仿真软件的设置界面中可以查看 I/O 接口信息并进行设置。

5.4.1　控制器 I/O 及设置

控制器 I/O（Controller IO）在仿真软件中有三种接口，它们分别是"安全 IO""内部 IO""联动 IO"，如图 5-23 所示。

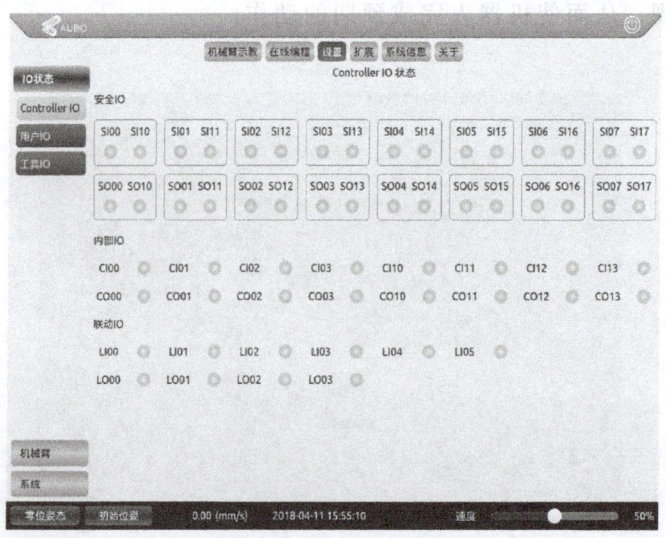

图 5-23　示教盒中的"Controller IO"设置页面

（1）安全I/O　所有的安全I/O均为双通道，保持冗余配置可确保单一故障不会导致安全功能失效。

（2）内部I/O　内部功能接口，提供控制器内部接口板的I/O状态显示，不对用户开放。内部I/O端口功能定义见表5-1。

表 5-1　内部 I/O 端口功能定义

端口	功能定义	端口	功能定义
CI00	状态有效表示联动模式,状态无效表示手动模式	CO00	待机指示
		CO01	急停指示
CI01	状态有效表示主动模式,状态无效表示从动模式	CO02	状态有效表示联动模式,状态无效表示手动模式
CI02	控制柜接触器	CO03	上位机运行指示
CI03	控制柜急停	CO10	备用
CI10	伺服上电	CO11	急停指示
CI11	伺服断电	CO12	备用
CI12	控制柜接触器	CO13	备用
CI13	控制柜急停		

（3）联动I/O　机械臂可通过这些I/O接口与外部一台或多台设备（如机械臂等）通信，从而进行协同运动。联动I/O端口功能定义见表5-2。

表 5-2　联动 I/O 端口功能定义

端口	功能定义	端口	功能定义
LI00	联动-程序启动输入	LI05	远程关机
LI01	联动-程序停止输入	LO00	联动-程序运行输出
LI02	联动-程序暂停输入	LO01	联动-程序停止输出
LI03	联动-回初始位置输入	LO02	联动-程序暂停输出
LI04	远程开机	LO03	联动-回初始位置输出

5.4.2　用户 I/O 及设置

示教盒中的"用户IO"设置页面在仿真软件中如图5-24所示。

1）DI和DO为通用数字I/O，共有十六路输入和十六路输出，可用于直接驱动继电器等电器设备。

2）F1~F5是用户可以给定输入信号的端口。

3）F6为清除警报信号，低电平有效。

4）AI为模拟输入端口，用于显示所采集传感器的电压值，有四个模拟输入信号，分别是VI0、VI1、VI2和VI3，范围均为0~10V，精度为±1%。

5）AO为模拟输出端口，用于显示接口板输出的电压（电流）值。有四个模拟输出信号，分别是VO0、VO1、CO0和CO1，其中VO0、VO1为输出电压，CO0、CO1为输出

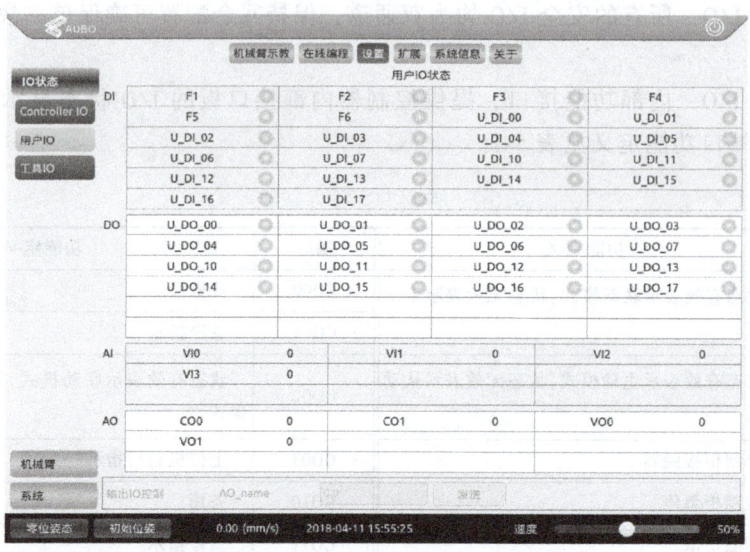

图 5-24　示教盒中的"用户 IO"设置页面

电流。

6）输出 I/O 控制用于选择需要改变状态的 I/O，然后在文本框中输入相应的数值，其中 DO 有 low 和 high 两种状态。AO 中的电压输出范围为 0～10V，电流输出范围为 0~20mA（建议 4~20mA），单击"发送"按钮，相应的 I/O 即被置为设定值。

5.4.3　工具 I/O 及设置

示教盒中的"工具 IO"设置页面如图 5-25 所示。可以通过引脚 3~5、7 配置四路数字 I/O，引脚 6、8 可配置为模拟输入，模拟电压数值范围为 0～10V，引脚 2 可配置 0V、12V 和 24V 三种电压数值。

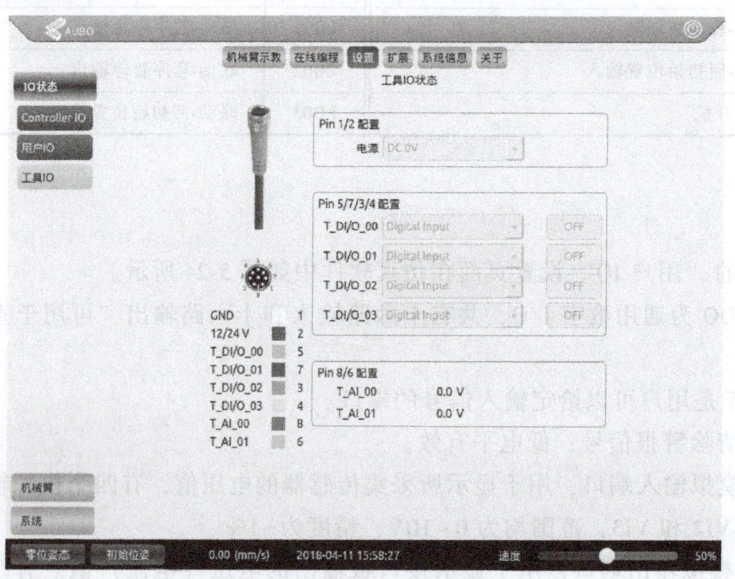

图 5-25　示教盒中的"工具 IO"设置页面

思考与练习

5.1　请根据本章内容讨论如何正确使用示教盒，才能有效防止紧急状态下机械臂与物体碰撞的情况发生。

5.2　在哪几种情况下适合使用手动示教？其优缺点分别是什么？

5.3　请思考如何控制输出 I/O。

5.4　在示教盒中的"工具 IO"设置界面中，可以通过哪几个引脚配置四路数字 I/O？哪些引脚可配置为模拟输入？

5.5　在低电平情况下，能在示教盒中的"用户 IO"界面中清除警报信号吗？

5.6　请简述以下联动 I/O 端口信息的功能定义：LI00、LI01、LI02、LI03、LI04。

第6章 机器人基础编程

 知识目标

✓ 熟悉工业机器人运动命令的使用方法。

✓ 熟悉工业机器人定位类型的选择。

✓ 熟悉工业机器人程序创建的方法。

 技能目标

✓ 熟练掌握工业机器人程序的创建及编辑方法。

✓ 使用工业机器人运动指令进行基础编程。

✓ 完成工业机器人的手动程序调试。

✓ 掌握工业机器人的简单轨迹编程方法。

6.1 基础编程介绍

"示教"这个词是从机器人取代手工作业而来的。用机器人代替人进行作业时，必须预先对机器人发出指示，规定机器人应该完成的动作和作业的具体内容，这个过程就是对机器人的示教或编程。机器人的示教编程一般是操作人员通过手持示教盒控制机器人运动到目标点，然后选择机器人的运动指令，并逐点记录。本章将重点介绍 AUBO-i 系列协作机器人示教盒在线编程功能的实现。

AUBO-i 系列机器人提供了便捷的编程方法，使用者仅需少量的编程命令即可对 AUBO-i 系列机器人进行控制，极大地提高了工作效率。AUBO-i 系列机器人的编程主要是在示教盒的在线编程页面中进行设置，如图 6-1 所示。

在线编程页面中各部分的名称见表 6-1。

1）页面选择栏：可以在不同页面间进行切换，选中的按钮显示浅色字体深色背景。

2）工具栏：采用抽屉式按钮，以便根据不同的任务需求进行选择。

3）程序列表：采用逻辑树方式排列，显示工程文件中的每一个命令节点，便于阅读和修改程序。

4）运动限制：拖动运动限制滑块可以限制工程运行速度，目前只针对 Move 函数下的运行速度控制。

5）程序操作：程序列表提供可以选择和操作的命令，包括撤销、撤销恢复、剪切、复制、粘贴、删除命令，都属于程序编辑控制指令。

"撤销"按钮：单击可以使程序恢复到上次的编辑状态，最多可撤销 30 次。

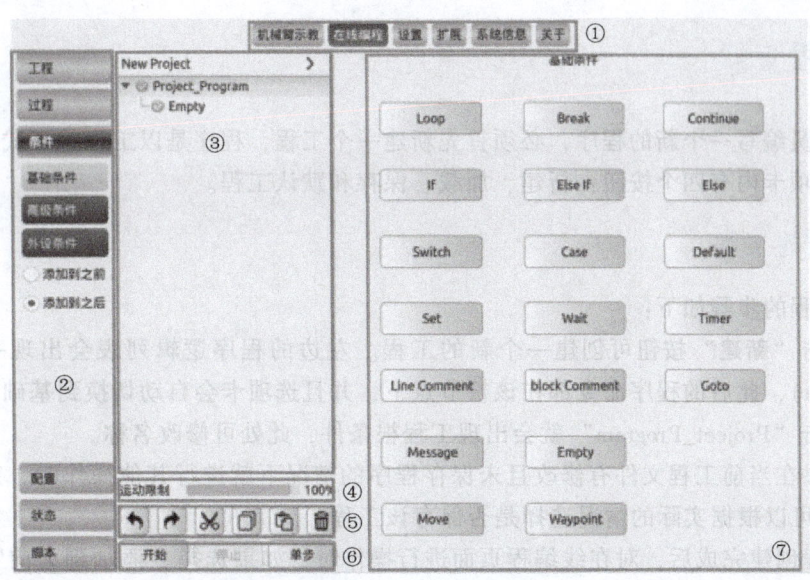

图 6-1 在线编程页面

表 6-1 在线编程页面各部分名称

序号	名 称
①	页面选择栏
②	工具栏
③	程序列表
④	运动限制
⑤	程序操作
⑥	程序控制
⑦	属性窗口

"撤销恢复"按钮：单击可以恢复上次的撤销命令。

"剪切"按钮：单击可以实现对程序段的剪切操作。

"复制"按钮，单击可以实现对程序段的复制操作。

"粘贴"按钮：单击可以实现对程序段的粘贴操作。

"删除"按钮：单击可以删除同级目录下的程序段。

6）程序控制：包括开始、停止和单步命令。

"开始"按钮：单击可以使机器人程序启动。

"停止"按钮：在机器人运行过程中，单击"**停止**"按钮可以停止机器人运动。要想让机器人重新开始动作，只有单击"**开始**"按钮，且只能使程序从头开始运行。

"单步"按钮：单击后，机器人将按照程序逻辑（New Project）顺序执行第一个路点程序，再次单击则执行下一个路点程序。

7）属性窗口：根据页面选择栏和工具栏中的不同选项提供不同的显示面板，可对特定的功能进行操作、显示及参数配置。

6.2 工程管理

操作人员编写一个新的程序，必须首先新建一个工程，程序是以工程的形式保存的。在工程项目选项卡内有四个按钮：新建、加载、保存和默认工程。

6.2.1 新建工程

新建工程的步骤如下：

1）单击"**新建**"按钮可创建一个新的工程。左边的程序逻辑列表会出现一个根节点（New Project），此后的程序命令都在该根节点下，并且选项卡会自动切换到基础条件界面。

2）单击"Project_Program"就会出现工程根条件，此处可修改名称。

3）如果在当前工程文件有修改且未保存程序的情况下就进行其他操作时，系统会弹出窗口提示，可以根据实际的情况选择是否保存该工程。

4）工程创建完成后，对在线编程页面进行操作时，如果选择"**添加到之前**"选项，则可在选定命名前插入一条新命令。同理，如果选择"**添加到之后**"选项，则可在选定命令后插入一条新命令，如图6-2所示。

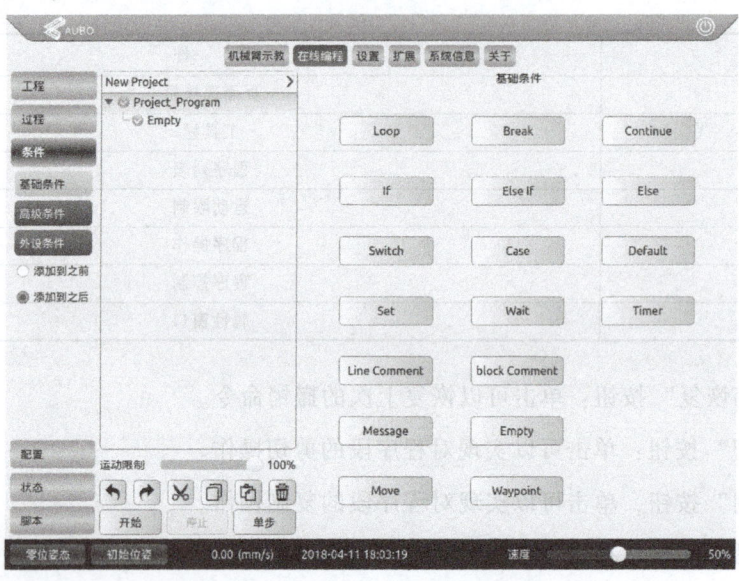

图 6-2　新建工程界面

6.2.2 加载工程

加载工程的步骤如下：

1）单击"**加载**"按钮，找到目标程序，加载工程。

2）打开工程后，程序逻辑列表中会载入打开的程序，如图6-3所示。

3）单击界面左下角的"**开始**"按钮，系统进入"**移动机械臂到准备点**"界面；按住"**自动移动**"按钮并移动机械臂到起始位置，依次单击"OK"→"**开始**"按钮，机器人便会开始动作，并且系统会自动切换到仿真模型界面。

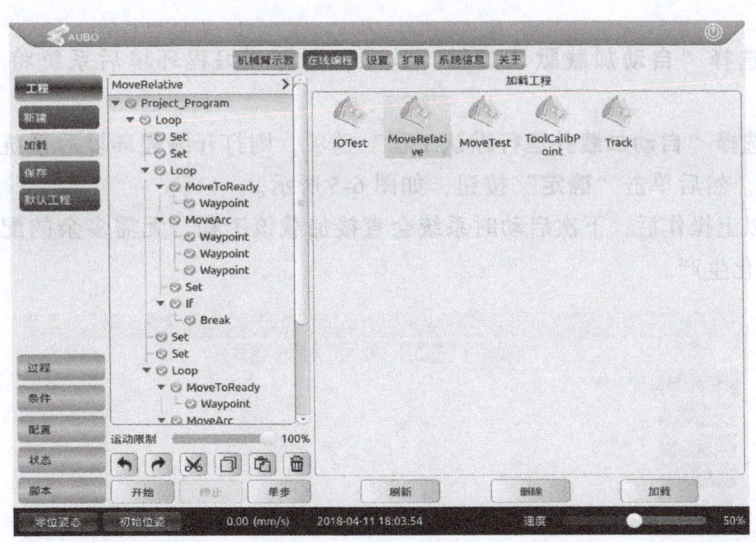

图6-3　加载工程界面

6.2.3　保存工程

保存工程的步骤如下：

1）单击界面最左侧的"**保存**"按钮进行工程的存储。如果是新建立的工程，则需要输入新工程的名称，然后再单击右侧窗口的"**保存**"按钮，如图6-4所示。

2）工程文件以"xml"的格式保存。

3）如果对保存后的文件进行了编辑，则需要再次进行保存操作。

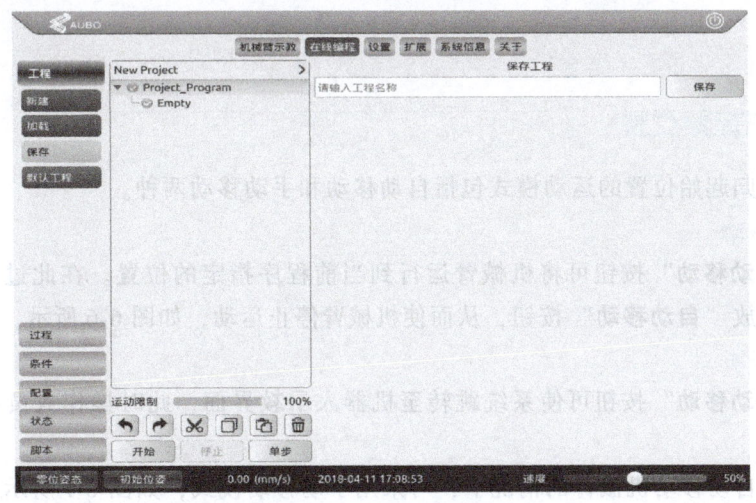

图6-4　保存工程界面

6.2.4　默认工程

默认工程的操作步骤如下：

1）单击"**默认工程**"按钮，在默认工程文件列表中选择需要操作的工程，根据需求选择不同选项。

2）如果选择"**自动加载默认工程**"选项，则打开编程环境后系统将自动载入默认工程。

3）如果选择"**自动加载并运行默认工程**"选项，则打开编程环境后系统将自动载入并运行默认工程。然后单击"**确定**"按钮，如图 6-5 所示。

4）进行以上操作后，下次启动时系统会直接加载该工程，无需多余的配置操作，便于工厂进行自动化生产。

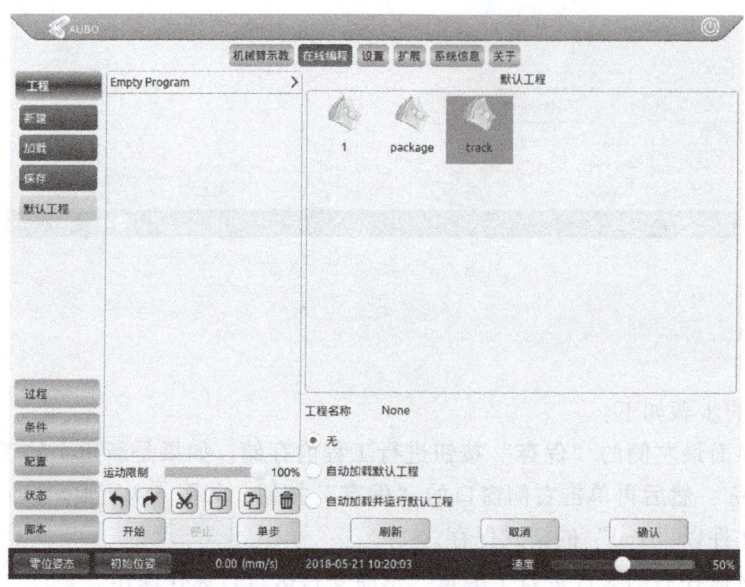

图 6-5　默认工程界面

6.2.5　回归起始位置

机械臂回归起始位置的运动模式包括自动移动和手动移动两种。

1. 自动移动

长按"**自动移动**"按钮可将机械臂运行到当前程序指定的位置。在此过程中，操作人员可以随时释放"**自动移动**"按钮，从而使机械臂停止运动，如图 6-6 所示。

2. 手动移动

按下"**手动移动**"按钮可使系统跳转至机器人示教界面，此时操作人员可手动移动机械臂。

在不适于自动移动机械臂的情况下，可采用手动移动模式，如图 6-7 所示。例如，在自动模式下，机器人手臂由 C 点位置恢复到 A 点位置的过程中将碰撞到工作平面或障碍物时，操作人员就可采用手动移动模式。操作人员可通过示教或拖动的方式使机械臂运动到安全位置（比如 B 点附近），然后再回到初始位置即 A 点附近，从而避免损坏机器人或其他设备。

因此，手动移动功能的主要目的如下：

1）操作人员能够手动快速地拖动机械臂到达到指定的位置附近，再通过示教盒的二次

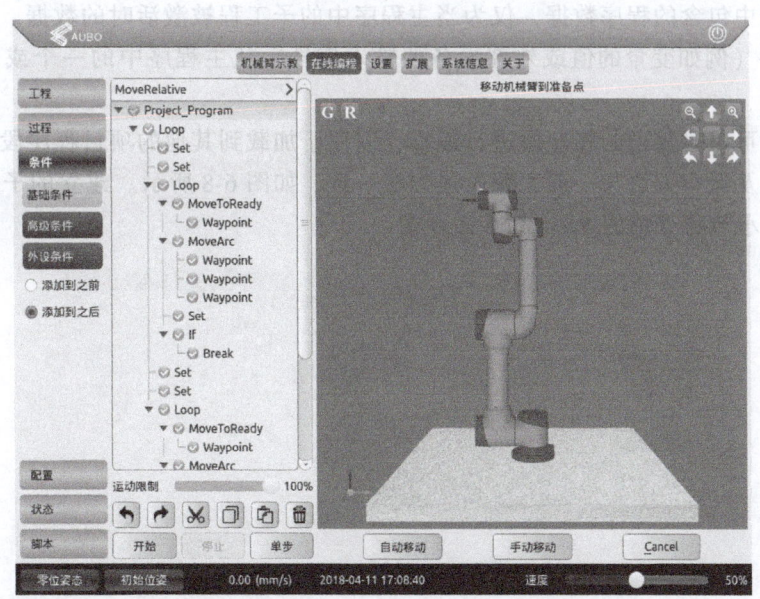

图 6-6　自动移动示意图

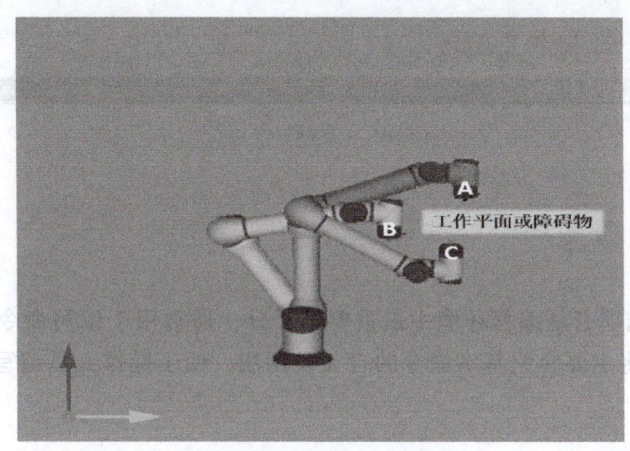

图 6-7　手动移动示意图

示教使其达到最终精确的位置，提高示教效率。

2）在发生危险时，操作人员能够通过手动移动使机械臂快速地离开危险区域。

操作人员对比仿真机械臂和真实机械臂的位置，确保机械臂可以安全的运动，而不会碰撞到工作平面或障碍物。

6.2.6　过程工程

过程工程（子工程）能够被用于很多程序文件中，既能用于一项任务中的独立文件，也可以被调用到其他程序文件中多次使用。过程工程可以是控制工程也可以是被控工程。

过程工程中包含的程序数据，仅为当主程序中的子工程被激活时的数据。过程工程可以基于某些条件（例如变量的值或外部设备的输入信号）从主程序中的一个或多个位置进行调用。

过程工程可以对复用的程序段进行编辑，以便于加载到其他的项目程序段中。过程工程的新建、加载及保存方法与一般工程所述方法一致，如图 6-8 所示。建立的子工程文件可以应用到 6.4.2 小节将介绍的 Procedure 命令中。

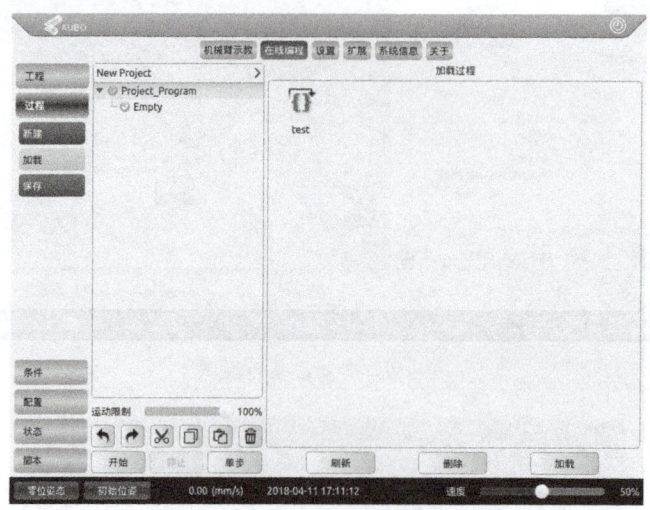

图 6-8　过程工程界面

6.3　基础条件命令

"基础条件"选项卡是编程环境中最重要的部分，通常用于编写命令以及对选中命令状态进行配置。本节将主要介绍基本命令的含义及用法，便于操作人员编写程序。

6.3.1　Loop 命令

Loop 是循环命令，Loop 节点包含的程序会循环运行，直到终止条件成立。

1）单击"**昵称**"右侧的空白处会弹出输入框，操作人员可修改命令名称，如图 6-9 所示。

2）选择"**循环**"选项并设置循环次数，当程序循环到达次数后将会退出循环。

3）选择"**Loop 条件**"选项并设置循环条件表达式，当表达式成立时程序便进入循环；表达式不成立时程序将退出循环。可单击"**清除**"按钮清空表达式。

4）单击"**确定**"按钮来确认此命令状态配置并保存。

6.3.2　Break 命令

Break 命令是跳出循环命令，当 Break 条件成立时，程序将跳出循环。

1）单击"**昵称**"右侧的空白处会弹出输入框，操作人员可修改命令名称，如图 6-10 所示。

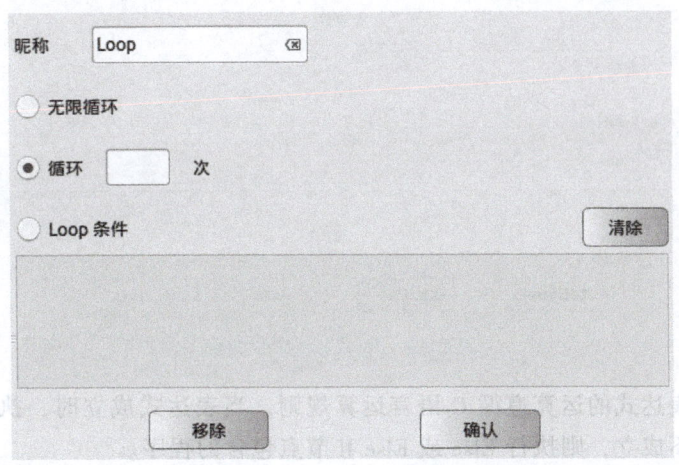

图 6-9　Loop 命令界面

2）Break 命令只能用于 Loop 循环中，并且 Break 命令前必须有一条 If 命令。当 If 命令中的判断条件成立时，程序将运行 Break 命令跳出循环；否则，页面会弹出错误提示。

3）单击"**移除**"按钮，则删除此 Break 命令。

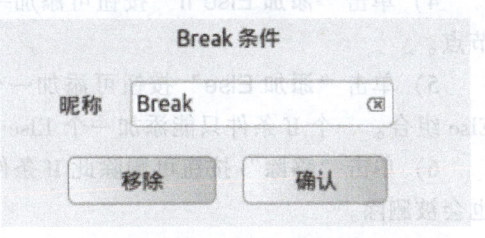

图 6-10　Break 命令界面

6.3.3　Continue 命令

Continue 命令是结束单次循环命令，当 Continue 条件成立时，程序将结束本次循环。它与 Break 命令的区别在于：运行 Break 命令跳出整个循环后，程序不会再次进入循环；而运行 Continue 命令跳出的是单次循环，并且程序在下个循环周期还会再次进入循环之中。

1）单击"**昵称**"右侧的空白处将会弹出输入框，操作人员可修改命令名称，如图 6-11 所示。

2）Continue 命令也只能用于 Loop 循环中，并且 Continue 命令前必须有一条 If 命令。当 If 命令中的判断条件成立时，执行 Continue 命令，跳出本次循环；否则，页面将弹出错误提示。

3）单击"**移除**"按钮，则删除此 Continue 命令。

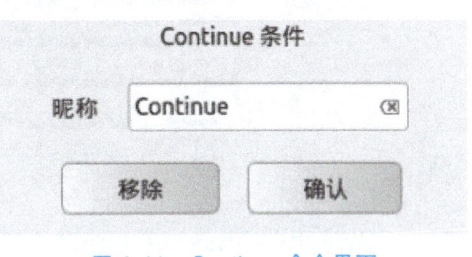

图 6-11　Continue 命令界面

6.3.4　if…Else 命令

If…Else 命令是选择判断命令，通过判断条件来选择并运行不同的程序分支。

1）单击"**昵称**"右侧的空白处会弹出输入框，操作人员可修改命令名称，如图 6-12 所示。

2）单击"**If 条件**"下的空白窗口会弹出如图 6-13 所示的输入界面，操作人员可输入判

图 6-12　If…Else 命令界面

断条件表达式，表达式的运算遵循 C 语言运算规则。当表达式成立时，执行 If 节点包含的程序；若表达式不成立，则执行 Else 或 Else If 节点包含的程序。

3）单击"**清除**"按钮则清除表达式。

4）单击"**添加 Else If**"按钮可添加一个 Else If 节点，一个 If 条件可以添加多个 Else If 节点。

5）单击"**添加 Else**"按钮可添加一个 Else 节点，使其与当前的 If 节点构成一个 If…Else 组合。一个 If 条件只能添加一个 Else 节点。

6）单击"**移除**"按钮可删除此 If 条件命令，并且与此 If 条件对应的 Else If、Else 节点也会被删除。

7）单击"**确认**"按钮可保存状态配置。

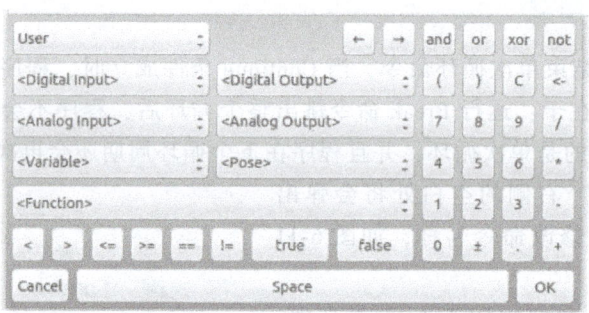

图 6-13　If…Else 表达式输入界面

6.3.5　Switch…Case…Default 命令

Switch…Case…Default 是条件选择命令，通过判断条件来选择并运行不同的 Case 程序分支。

1）单击"**昵称**"右侧空白处会弹出输入框，操作人员可修改命令名称，如图 6-14 所示。

2）单击"**If 条件**"下的空白窗口会弹出输入框，操作人员可输入判断条件表达式，表达式的运算遵循 Lua 语言运算规则。当运行 Switch 命令时，程序会首先计算表达式的数值，然后与下面 Case 语句的条件数值依次比较，若相等，则执行该 Case 语句下面的程序段；若没有满足条件的 Case 数值，则执行 Default 语句对应的程序段。

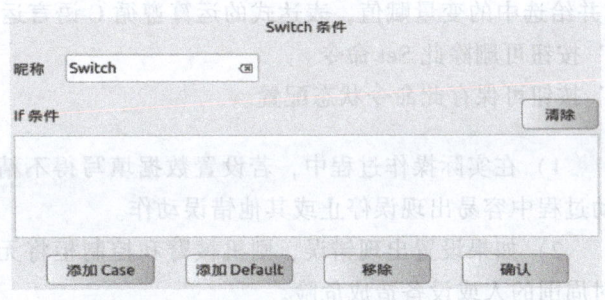

图 6-14 Switch…Case…Default 命令界面

3）判断真伪只能用 true 和 false，不能用 1 和 0 代替。

4）单击"**清除**"按钮可清除表达式。

5）单击"**添加 Case**"按钮则可添加一个 Case 节点，与当前 Switch 节点构成一个 Switch…Case 组合。一个 Switch 节点可添加多个 Case 节点。

6）单击"**添加 Default**"按钮则可添加一个 Default 节点。一个 Switch 节点只能添加一个 Default 节点。

7）单击"**移除**"按钮可删除选中的 Switch 节点，并且与之对应的 Case、Default 语句也会被一并删除。

8）单击"**确认**"按钮可保存状态配置。

6.3.6 Set 命令

Set 命令界面如图 6-15 所示。

图 6-15 Set 命令界面

1）单击"**昵称**"右侧的输入框可以修改命令的名称。

2）勾选"**工具参数**"复选框后，可选择设置过的法兰中心。

3）勾选"**碰撞等级**"复选框后，可选择安全等级。

4）勾选"**IO**"复选框后可设置某路 DO/AO 的状态。

5）勾选"**变量**"复选框后，可在其下拉列表框中选择一个变量。然后可在右侧的输入框中写入一个表达式并给选中的变量赋值，表达式的运算遵循 C 语言运算规则。

6）单击"**移除**"按钮可删除此 Set 命令。

7）单击"**确认**"按钮可保存此命令状态配置。

1）在实际操作过程中，若设置数据填写得不精确，则机械臂在运动过程中容易出现误停止或其他错误动作。

2）如果设置出现错误，则机械臂和控制柜将无法正常工作，并会对周围的人或设备造成危险。

6.3.7 Wait 命令

Wait 命令界面如图 6-16 所示。

1）单击"**昵称**"右侧的输入框可修改命令的名称。

2）勾选"**等待时间**"复选框后，可设置时间值。

3）勾选"**Wait 条件**"复选框后，可通过输入表达式来设置等待方式。

4）单击"**清除**"按钮可清除条件内容。

5）单击"**确认**"按钮可保存 Wait 条件。

6）单击"**移除**"按钮可删除此 Wait 命令。

图 6-16 Wait 命令界面

6.3.8 Waypoint 命令

Waypoint（路点）是 AUBO-i5 机器人程序的重要组成部分，它表示机器人末端将要到达的位置点。通常，机器人末端的运动轨迹由两个或多个路点来构成。

1）单击"**昵称**"右侧输入框可修改命令的名称，如图 6-17 所示。

2）路点只能添加于 Move 命令之后。

3）单击"**添加到之前**"按钮，则可在该路点前添加一个新路点。

4）单击"**添加到之后**"按钮，则可在该路点后添加一个新路点。

5）单击"**关节运动到这里**"按钮或者"**直线运动到这里**"按钮，则可让机器人运动到当前路点，该选项只针对真实机器人有效。

6）单击"**移除**"按钮，则可删除此路点。

7）单击"**设置路点**"按钮，则可设置机器人在路点处的位置姿态。当操作人员单击"**设置路点**"按钮后，页面将自动切换为"**机械臂示教**"页面。此时，操作人员可以移动机器人末端到新路点的位置，然后单击右下角的"**确认**"按钮。

8）单击"**确认**"按钮可保存此路点的状态配置。此时，将有弹窗跳出显示条件已被保存。

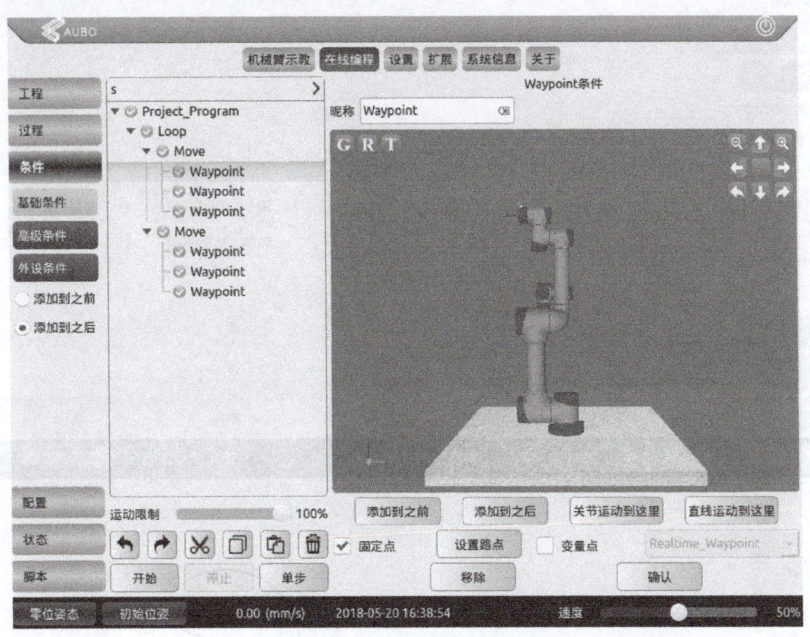

图 6-17 Waypoint 命令界面

6.3.9 Move 命令

Move（移动）命令用于实现机器人末端执行器中心点在路点间的移动操作。操作人员在程序列表里新增一个 Move 节点，则该节点下面会含有一个 Waypoint 节点。

1）选中 Move 节点，"条件"选项卡页面会自动弹出，如图 6-18 所示。此时，操作人员可以对 Move 命令进行状态配置。

2）单击"**昵称**"右侧的输入框可修改命令的名称。

3）机械臂运动属性有三种选择：轴动运动、直线运动和轨迹运动。

4）勾选"**相对偏移**"复选框，则可以通过填写 X、Y、Z 的值对机器人手臂或末端执行器坐标进行调整。

5）可在 Base 坐标系及用户自定义平面坐标系（plane）中选择所需坐标系。

6）交融半径仅用于轨迹运动中的 MoveP 模式（在多个直线轨迹间用圆弧平滑过渡），范围为 1 ～ 50mm，如图 6-19 所示。采用交融半径时的运行特点是会形成一种连续运动，并且不会在该路点停止。

7）单击"**翻转**"按钮可以倒序复制 Move 节点下的所有 Waypoint 路点。

8）单击"**移除**"按钮可以删除此 Move 命令。

9）单击"**确认**"按钮可以保存状态配置。

Move 命令的三种设置方式具体如下。

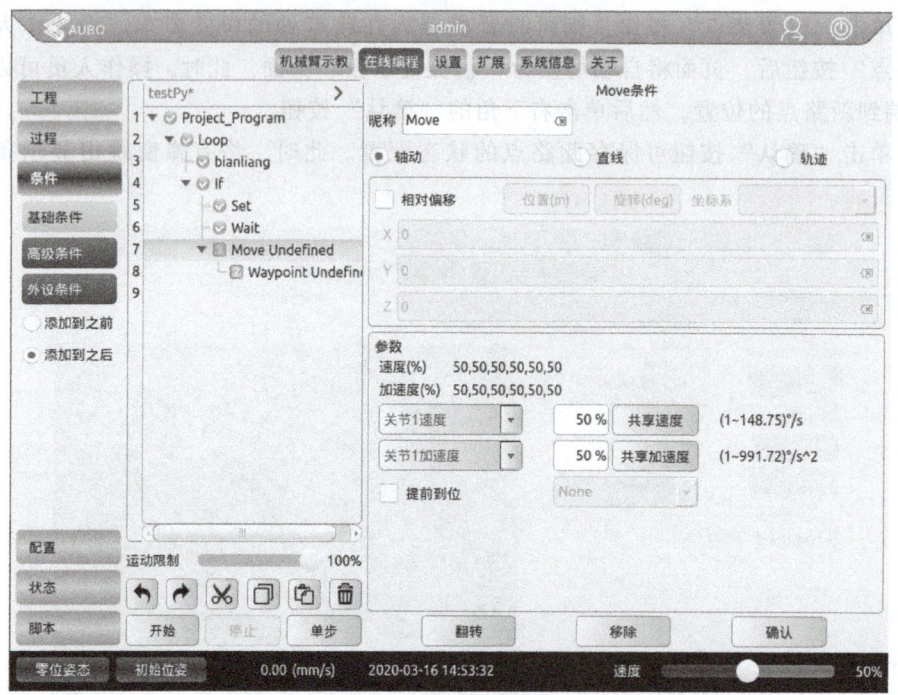

图 6-18　Move 命令界面

1. 轴动运动

轴动运动的状态设置界面如图 6-20 所示。操作人员预先设置好电动机的最大速度和加速度（六个机械臂的公共参数）。然后，路点间的各个关节根据运行角度，以最快的速度同步到达目标路点（始末速度均为零）。在整个运行过程中，都可以通过轨迹显示功能观察机械臂末端的运行轨迹。如果希望机械臂在路点之间能够快速移动，而不用考虑

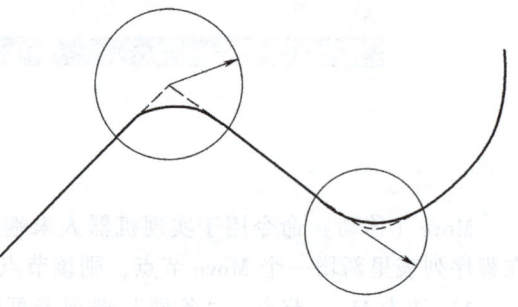

图 6-19　采用交融半径时的运动轨迹

TCP 在这些路点之间的移动路径，则轴动运动是个不错的选择。

轴动运动适用于空间足够，要求用最快的方式移动的情况，轨迹如图 6-21 显示。

采用此设置方式时需要注意如下几点。

1）电动机运动速度的最大值为 3000r/min。但是，实际使用时最大应不超过 2800r/min。电动机运动加速度（即每秒增加的电动机速度）的最大值为 $300r/s^2$。

2）机器人的关节速度定义为电动机速度/转速比。AUBO-i5 的关节 1~关节 3、关节 4~关节 6 的转速比分别为 121 和 101。

3）关节运行中可分别设置关节 1~关节 6 的最大角速度和最大角加速度百分比，并且可以单击"共享"按钮将速度或加速度复制到其他关节处。

4）勾选"提前到位"复选框，则此项 Move 命令下的 Waypoint 会依据设置目标位置的距离或时间对机器人进行运行轨迹的调整，从而提高机械臂的工作效率。在此过程中，会出现不经过某一个或多个 Waypoint 设定路点的情况。

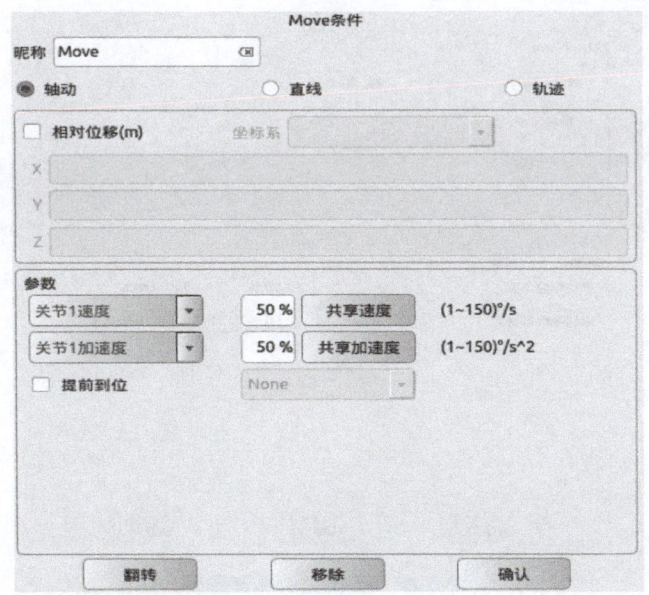

图 6-20 轴动运动设置界面

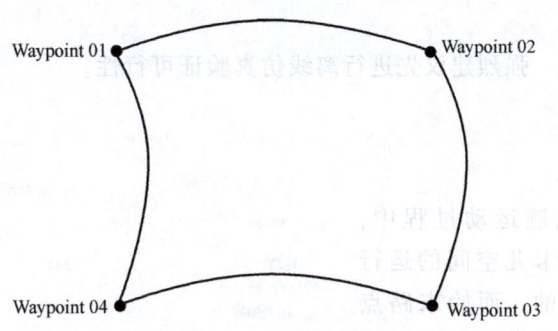

图 6-21 轴动运动轨迹

2. 直线运动

该运动将使工具在路点之间进行线性移动，轨迹如图 6-22 所示。这意味着每个关节都会执行更为复杂的移动，以使工具保持在直线路径上。适用于此移动类型的参数包括所需工具的最大速度和最大加速度，它们分别以 mm/s 和 mm/s^2 表示。与轴动运动类似，工具速度能否达到和保持最大速度取决于直线位移和最大加速度参数。

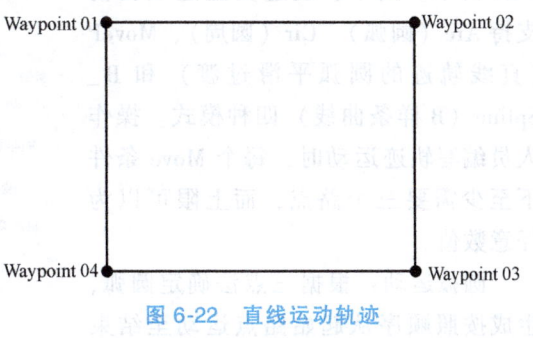

图 6-22 直线运动轨迹

如图 6-23 所示，操作人员可以设置直线运动的末端线速度和线加速度。另外，直线运动和轨迹运动中的 Arc 和 MoveP 运动模式属于笛卡儿空间轨迹规划，需要用逆运动学求解。因而可能存在无解、多解或出现近似解的情况；另一方面，由于关节空间和笛卡儿空间的非线性关系，可能会出现直线运动超出其最大速度和加速度限制的情况。

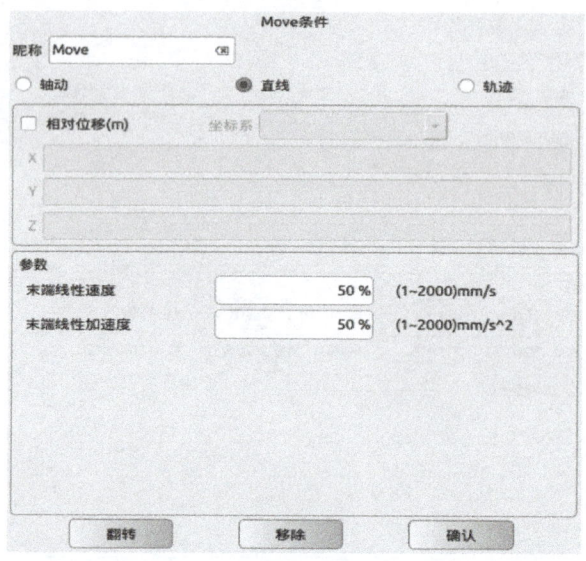

图 6-23　直线运动设置界面

强烈建议先进行离线仿真验证可行性。

3. 轨迹运动

在多个路点的轨迹运动过程中，相应的关节空间或笛卡儿空间的运行速度、加速度是连续的，而始末路点处速度为零，轨迹运动设置界面如图6-24所示。其中，轨迹类型选项目前支持 Arc（圆弧）、Cir（圆周）、MoveP（直线轨迹的圆弧平滑过渡）和 B_Spline（B 样条曲线）四种模式。操作人员编写轨迹运动时，每个 Move 条件下至少需要三个路点，而上限可以为任意数值。

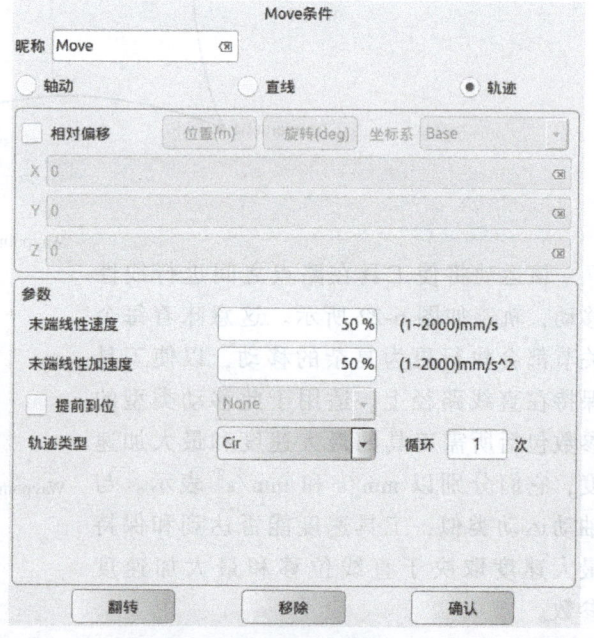

图 6-24　轨迹运动设置界面

圆弧运动：根据三点法确定圆弧，生成按照顺序从起始路点运动至结束路点的轨迹，它属于笛卡儿空间轨迹规划。圆弧运动的姿态变化仅受始、末路点影响，其最大速度和加速度的意义与直线运动相同。

圆周运动：与圆弧运动相似，也是根据三点法确定轨迹及运动方向，生成在完成整个圆周运动后又回到起点的轨迹。圆周运动过程中起始点姿态保持不变，其最大速度和加速度的意义与直线运动相同。

直线轨迹的圆弧平滑过渡：通常在相邻两段直线设置的交融半径处选择此方式，运行过程中机器人的姿态变化仅受始、末点影响，其最大速度和加速度的意义与直线运动相同。

B 样条曲线：该运动模式是根据给定的路点拟合出一条路径曲线。生成拟合曲线所使用的路点越多，则拟合出的曲线越接近预期值。

操作人员在对机械臂进行轨迹运动和直线运动编程时，应确保两个 Move 命令相邻的路点连续，即上一个 Move 命令的最后一个路点和下一个 Move 命令的第一个路点需要保持一致。值得注意的是，当机械臂做圆周运动时，该 Move 命令的最后一个路点实际上也是第一个路点，此时，首、尾路点将重合。当程序逻辑列表中出现 Loop 命令时，还应使第一个 Move 命令的第一个路点和最后一个 Move 命令的最后一个路点保持一致。

6.4　高级条件命令

6.4.1　Thread 命令

Thread 命令是多线程控制命令。在 Thread 程序段里，必须有一个 Loop 命令，而在该 Loop 循环中，可以实现与主程序的并行控制。操作人员在使用 Thread 命令时，应尽量避免多个线程的使用。若必须使用多线程，则需注意主线程和辅线程的并行逻辑和时序匹配。Thread 条件设置界面如图 6-25 所示。

1）单击"**线程名称**"右侧的输入框可修改命令的名称。

2）单击"**移除**"按钮可删除此选中的 Thread 命令。

3）单击"**确认**"按钮可保存状态设置。

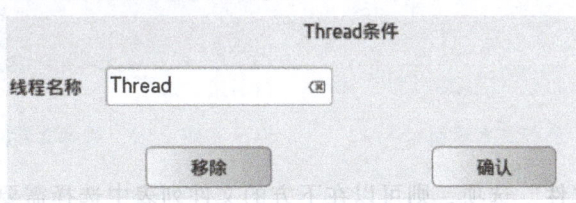

图 6-25　Thread 条件设置界面

6.4.2　Procedure 命令

Procedure 命令是过程编辑命令。在 Procedure 程序段里，操作人员可以编辑用于复用的程序段，从而使其方便地加载到其他的项目程序段中。值得注意的是 Procedure 程序段中不能插入 Thread 程序。

1）单击"**昵称**"右侧的输入框可修改工作目录的名称，如图 6-26 所示。

2）单击"**刷新**"按钮，则可检索当前的文件保存目录，并更新显示文件，如图 6-27 所示。

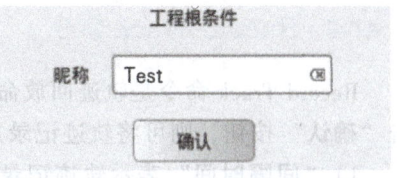

图 6-26　Procedure 命令工程根条件

3）单击"**移除**"按钮，则可删除此选中的 Procedure 命令。

4）单击"**确认**"按钮可保存设置。

6.4.3　Script 命令

Script 命令是脚本编辑命令。在 Script 条件下，可以选择添加行脚本和脚本文件，如图 6-28 所示。

1）单击"**昵称**"右侧的输入框可修改命令的名称。

2）选择"**行脚本**"选项，则可在下方的输入框中输入一行脚本控制指令。

3）把脚本文件拷入到目录，如图 6-29 所示。

图 6-27　Procedure 命令过程条件

图 6-28　Script 命令的行脚本界面

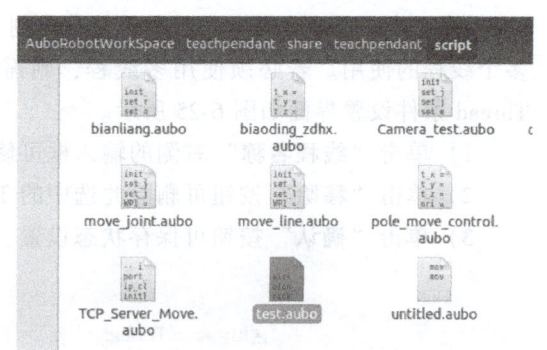

图 6-29　脚本文件拷入至指定目录界面

4）选择"**脚本文件**"选项，则可以在下方的文件列表中选择需要加载的脚本文件，如图 6-30 所示。

5）单击"**刷新**"按钮，则可以检索当前的文件保存目录，并更新和显示文件变动。

6）单击"**移除**"按钮可删除此选中的 Script 命令。

7）单击"**确认**"按钮可保存状态配置。

6.4.4　Record Track 命令

Record Track 命令是轨迹回放命令，如图 6-31 所示。当操作人员选中轨迹图标，然后单击"**确认**"按钮，则可将轨迹记录加载到工程逻辑中。

1）"**间隔时间**"表示轨迹记录的采样频率。设置的间隔时间越短，则记录的轨迹与真实轨迹越吻合。

2）在"**运动到准备点参数**"的输入框中，可以设置机械臂运动到准备点时各个关节的速度及加速度。修改完毕后单击"**确认**"按钮完成设置。

3）单击"**刷新**"按钮，则可检索当前的文件保存目录，并更新显示文件。

4）单击"**移除**"按钮，则可删除工程逻辑处的 Track Record 命令。

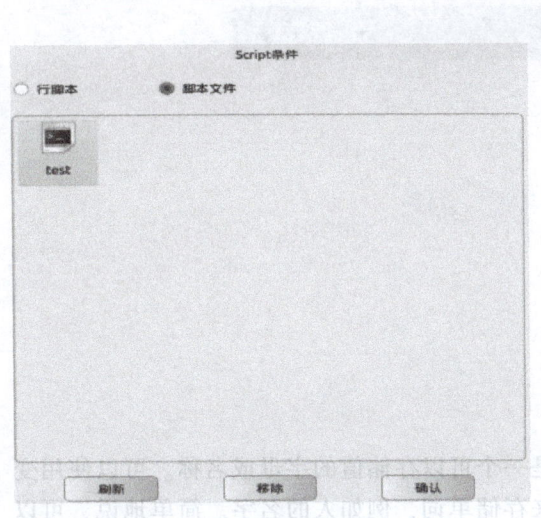

图 6-30　Script 命令的脚本文件界面

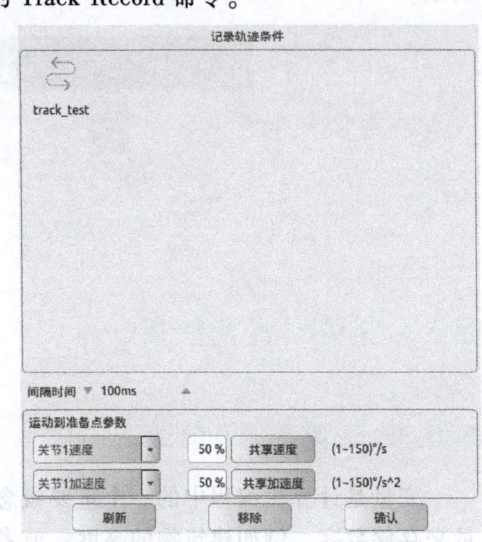

图 6-31　Record Track 命令界面

6.4.5　Offline Record 命令

Offline Record 命令可以将离线编程软件生成的轨迹文件嵌入到在线编程的程序段中，如图 6-32 所示。

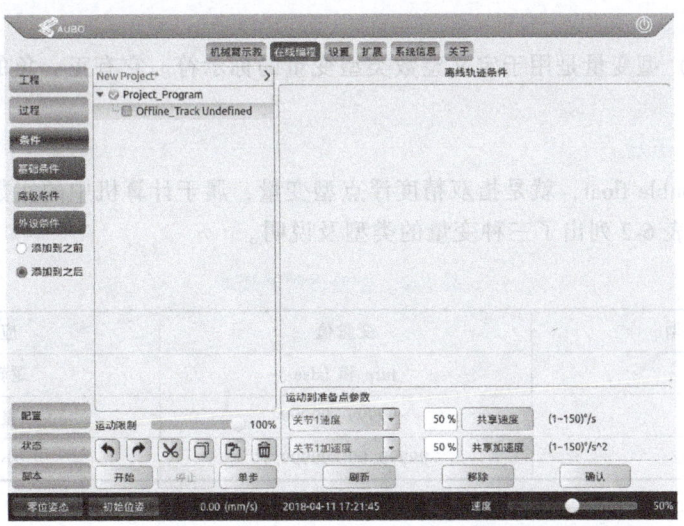

图 6-32　Offline Record 命令界面

1）选中离线文件，单击"**确认**"按钮进行保存。

2）在"**运动到准备点参数**"的输入框中，可以设置机械臂运动到准备点时各个关节的速度及加速度。修改完成后单击"**确认**"按钮完成设置。

3）导入的轨迹文件格式的每行必须包含六个关节角，并且单位为弧度。

4）导入的轨迹文件后缀需要是".offt"。

5）导入的文件需要复制到指定目录下，方能在 AUBORPE 软件界面中显示，如图 6-33 所示。

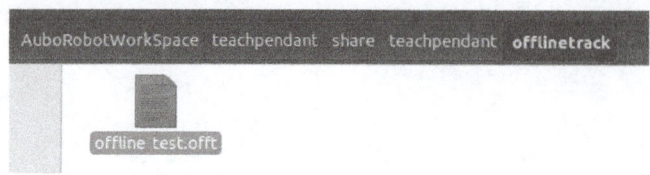

图 6-33　offline 文件导入目录

6.5　变量配置及使用

6.5.1　变量定义及分类

变量是计算机编程中的一个重要概念，它是一个可以存储值的字母或名称。可以使用变量来存储数字，例如建筑物的高度；或者用它来存储单词，例如人的名字。简单地说，可以使用变量表示程序所需的任何信息。变量可以分为以下三种类型。

1. Bool 型变量

Bool 型变量即布尔型变量，也就是逻辑型变量的定义符。布尔型变量的值只有真（true）和假（false）。布尔型变量通常用于逻辑表达式中，也就是"或""与""非"之类的逻辑运算，以及大于、小于之类的关系运算。逻辑表达式运算结果只能为真或为假。

2. Int 型变量

Int（integer）型变量是用于定义整数类型变量的标示符。它有正、负的区分，通常用于定义整数。

3. Double 型变量

Double 即 double float，就是指双精度浮点型变量，属于计算机中的实数型变量，通常用于小数的定义。表 6-2 列出了三种变量的类型及说明。

表 6-2　变量类型及说明

变量类型	变量值	应用场合
Bool	ture 和 false	逻辑表达式
Int	−99999~99999	整数变量
Double	−99999.99~99999.99	小数变量

6.5.2　变量配置

示教盒在线编程的变量设置界面如图 6-34 所示。其中的表格将显示所有当前已配置的变量，包括变量名称（name）、变量类型（type）和变量值（value）。选中表格中的某个变量，该变量的信息才会显示到下方的变量类型下拉列表、变量名称输入框和变量值输入框中。

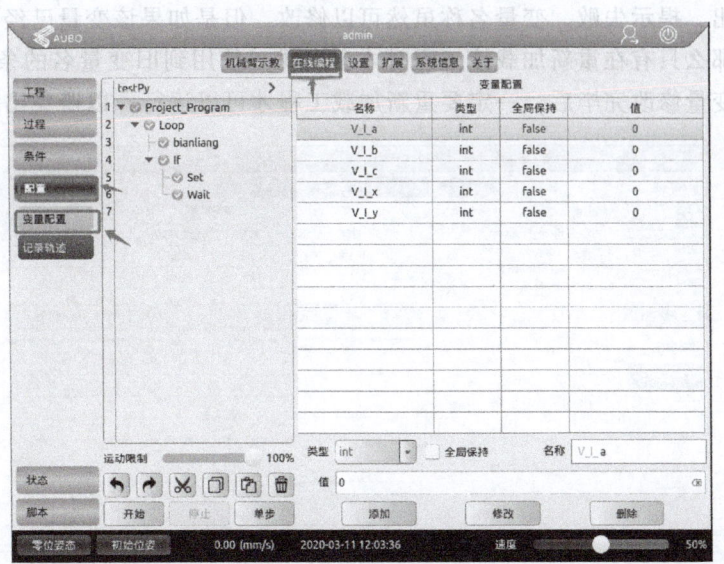

图 6-34　变量设置界面

此外，还可以选择添加变量、修改变量和删除变量，具体操作分别如下。

1. 添加变量

首先选择变量类型，此时变量值选项中会出现对应类型的输入框。然后，输入变量名称和变量值，单击"**添加**"按钮。如果添加成功，则新添加的变量将显示到列表的底部，如图 6-35 所示。注意：变量名称必须唯一，并且只能包含数字、字母和下划线，否则会有弹窗提示保存不成功。

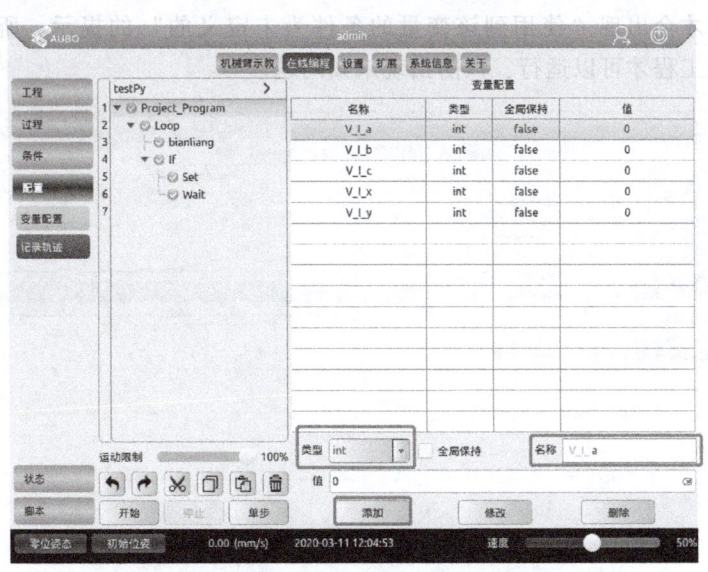

图 6-35　添加变量

2. 修改变量

在表格中选中一个变量，此时该变量的信息将全部显示在下方的操作区域，如图 6-36 所示。然后，单击"**修改**"按钮来更改变量名称和变量值。注意：变量类型不能修改，否则会有弹窗跳出，提示失败。变量名称虽然可以修改，但是如果该变量已经在其他工程文件中被使用过，那么只有在重新加载该工程时才会出现"使用到旧变量名的条件为未定义的"的提示。在对变量修改完毕后，一定要重新加载工程才可以运行，以避免出现未知问题。

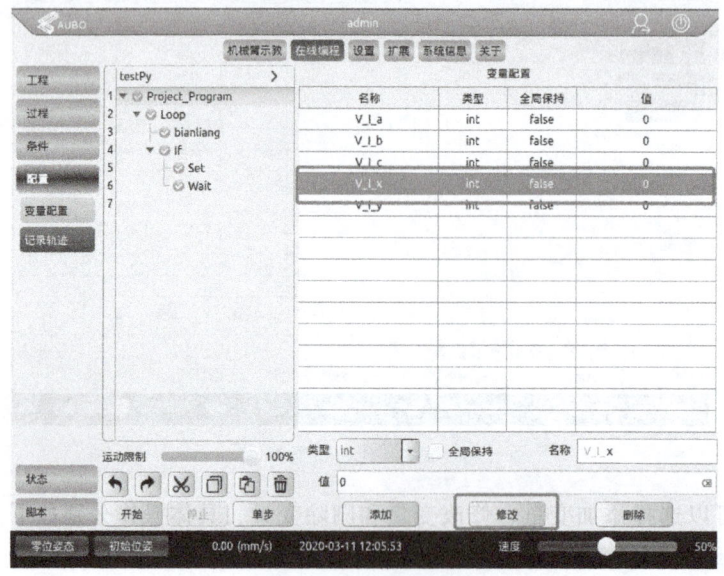

图6-36 修改变量

3. 删除变量

在表格中选中一个变量，单击"**删除**"按钮即可将其删除，如图6-37所示。注意：删除变量与修改变量类似，删除变量后，如果在其他工程文件中使用了该变量，那么只有在重新加载该工程时才会出现"使用到该变量的条件为未定义的"的提示。所以删除变量后，一定要重新加载工程才可以运行，以防出现未知问题。

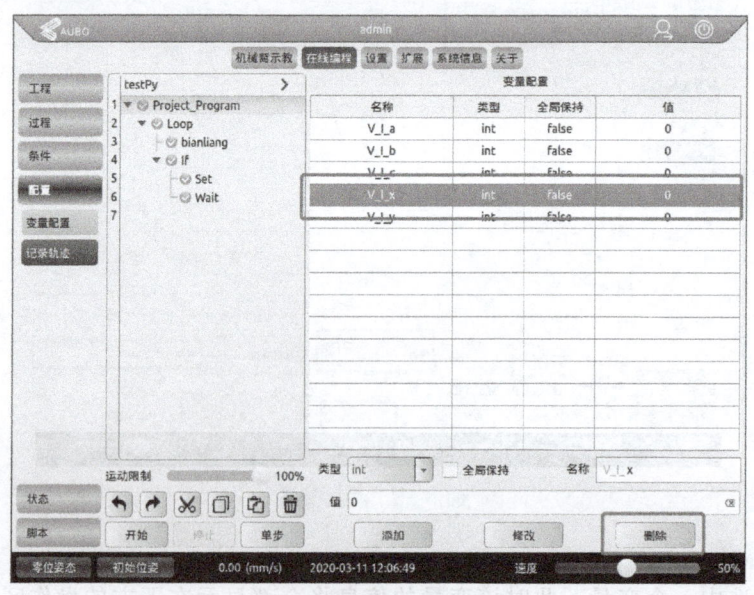

图6-37 删除变量

6.5.3　变量的使用

在示教盒中，变量的使用步骤如下。

1）依次选择"**在线编程**"→"**条件**"→"**基础条件**"命令，在弹出的控制逻辑面板上选择"**Set**"按钮，条件编辑页面如图 6-38 所示。

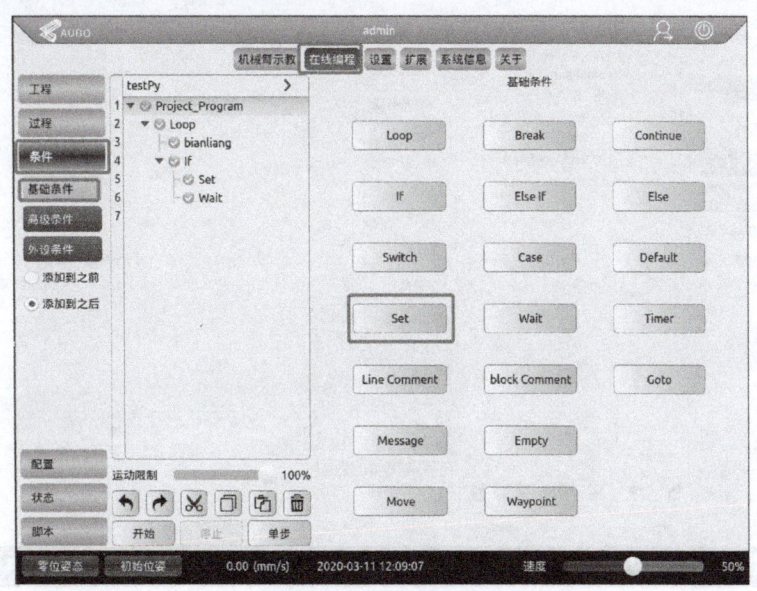

图 6-38　条件编辑页面

2）单击"**Set**"按钮之后，在工程面板上会出现一行"**Set Undefined**"的提示，如图 6-39 所示。单击"**Set Undefined**"后，就可以对 Set 节点进行设置。Set 节点设置除了变量外，还有工具参数、碰撞等级及 I/O 状态的设置，本操作只进行变量的设置。

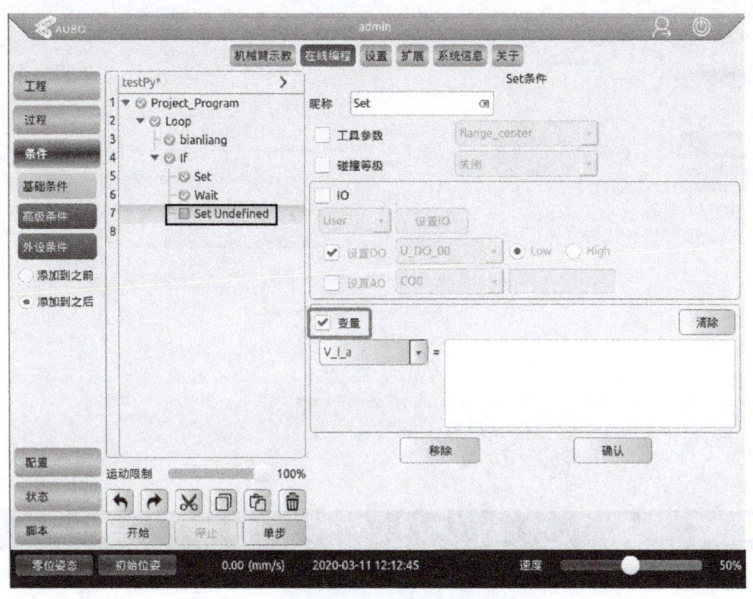

图 6-39　Set 条件设置页面

3）勾选"**变量**"复选框，则其下方将出现一个下拉列表，该列表显示之前存储的所有变量。选择一个定义过的整数型变量，例如 V_I_a，初始值输入"0"，单击"**确认**"按钮，保存变量条件。整个过程如图 6-40~图 6-42 所示。

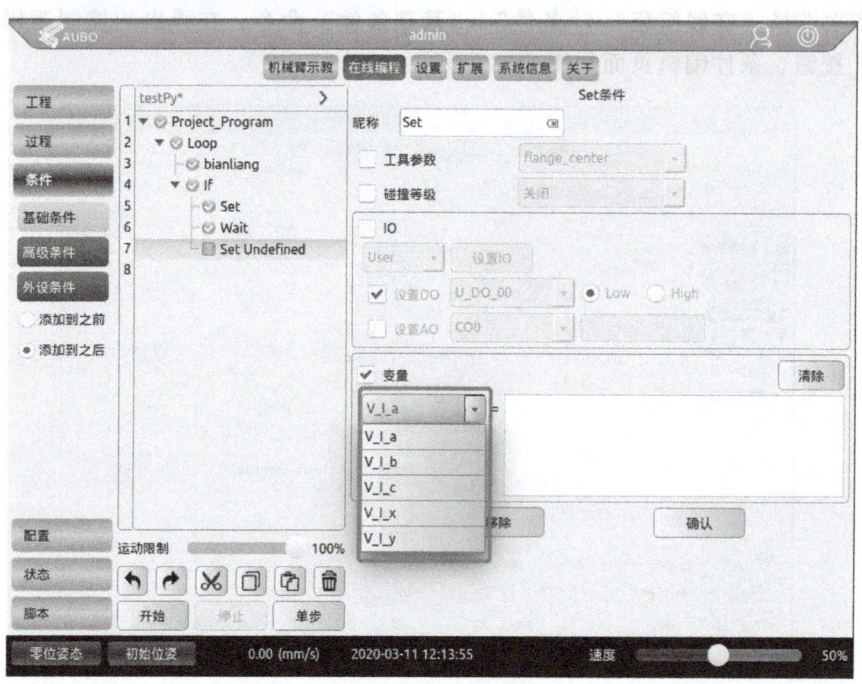

图 6-40　变量选择

图 6-41　变量赋值

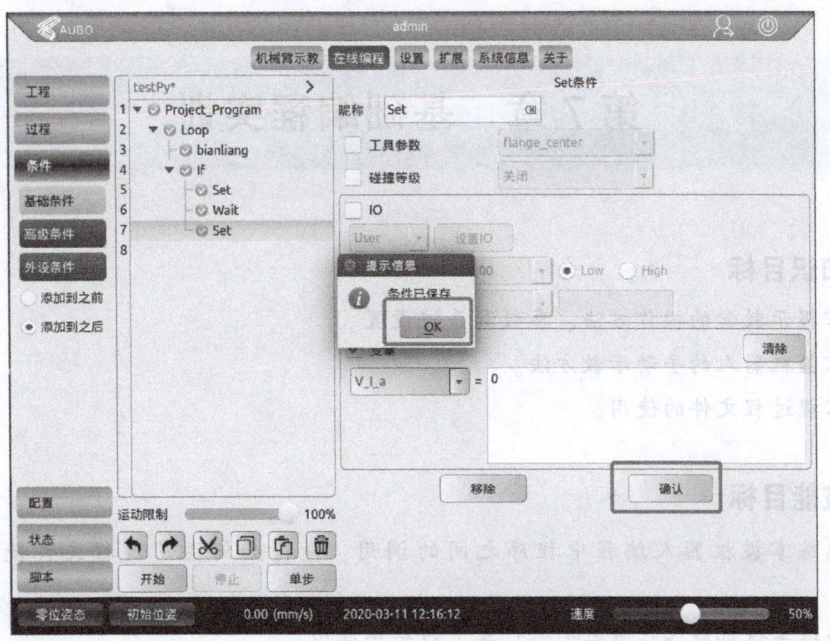

图 6-42　变量条件保存

至此，Set 节点的条件已经保存，"Set Undefined"变成了"Set"，变量使用成功。

思考与练习

6.1　请根据本章内容思考，建立一个完整的工程需要几个步骤？

6.2　机器人包括哪几种运动属性？轨迹运动又包括哪些运动模式？

6.3　机器人可以创建几种变量？具体有什么变量？

第 7 章 基础编程实训

知识目标

✓ 掌握示教盒的操作方法、参数和系统设置。

✓ 掌握机器人的手动示教方法。

✓ 掌握过程文件的使用。

技能目标

✓ 熟练掌握机器人编程中程序之间的调用，懂得如何运用过程文件使程序架构合理。

✓ 熟练掌握机器人在搬运码垛行业中的具体应用。

✓ 熟练掌握机器人与外设的配合，并且能够对机器人进行功能扩展。

7.1 轨迹编程实训

本节主要通过轨迹示教板与模拟焊枪等模块，练习机器人 Move 指令。移动轨迹包括正方形、三角形、圆形、S 型曲线、平面轨迹、斜面轨迹等。在实训过程中，了解运动参数对速度的影响，以及过程点与工作点的区别。此外，可以利用轨迹板上面的示教尖端进行末端轨迹标定的训练。

1）将机器人与相应的功能模块进行安装，并将模拟焊枪工具安装在机器人末端的快换装置上，如图 7-1 和 7-2 所示。

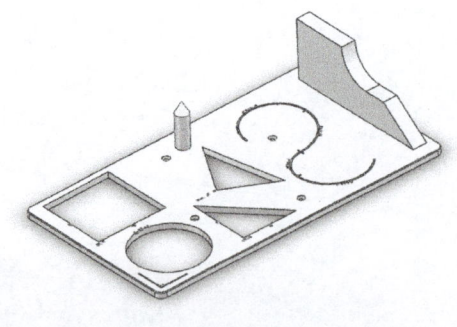

图 7-1 轨迹示教模块

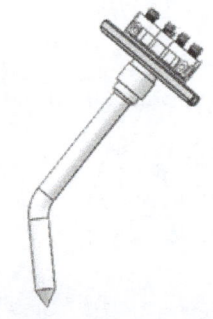

图 7-2 模拟焊枪

2）在机器人上建立模拟焊枪的工具坐标系。

3）建立过程文件，编写一个在轨迹板运动的 Move 程序，在轨迹板的运动如图 7-3

所示。

机器人运动的 Move 程序流程如图 7-4 所示。

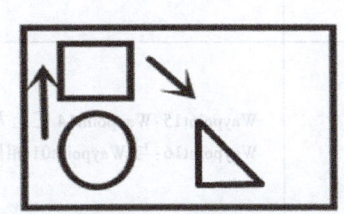

图 7-3 轨迹板运动图示　　　　图 7-4 程序流程图

4）新建一个过程文件并编写程序，程序示例参照表 7-1。

表 7-1 轨迹编程程序示例

轨迹板部分	程序	Move 参数说明	位　置
安全位置 （home 点）	Move Waypoint01 Waypoint02	关节 最大速度：50% 最大加速度：50%	Waypoint01：Waypoint03 上方一点 Waypoint02：与 Waypoint03 相同位置
圆	Move Waypoint03 Waypoint04 Waypoint05	轨迹：cir 最大速度：5% 最大加速度：5%	
正方形	Move Waypoint06 Waypoint07 Waypoint08 Waypoint09 Waypoint10	直线 最大速度：20% 最大加速度：30%	

（续）

轨迹板部分	程序	Move 参数说明	位　　　置
三角形 1	Move Waypoint11 Waypoint12 Waypoint13 Waypoint14	直线 最大速度：20% 最大加速度：30%	
安全位置	Move Waypoint15 Waypoint16	关节 最大速度：50% 最大加速度：50%	Waypoint15：Waypoint14 正上方一点 Waypoint16：与 Waypoint01 相同位置

5）程序编写完成后，可以新建一个工程来调用上面写好的过程文件，进行自动执行。

7.2　搬运码垛实训

本节主要练习机器人码垛应用，实训目的可归纳为两点，一是了解工业机器人在码垛行业中的应用，二是掌握机器人对末端执行器（手爪）的控制。在本实训中，需要用到输送线模组及码盘（码垛）模组，如图 7-5～图 7-7 所示，实训过程中，还可通过输送线调节，了解驱动电动机的控制原理。

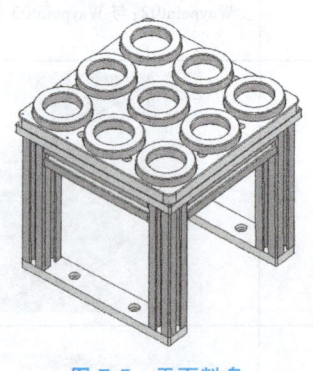

图 7-5　平面料盘

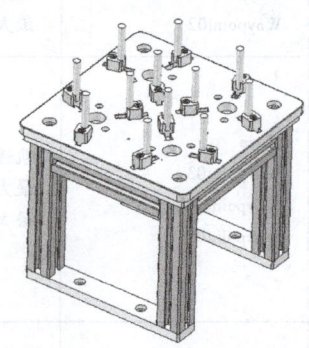

图 7-6　立体料盘

1）将机器人与相应的功能模块进行安装，并将气动抓握工具安装在机器人末端的快换装置上，将轴承物料摆放在平面料盘上。

模组布局如图 7-8 所示。

2）在编写程序之前，需要先建立好程序中需要用到的变量，如图 7-9 所示。

3）新建一个过程文件并编写程序，程序示例见表 7-2。

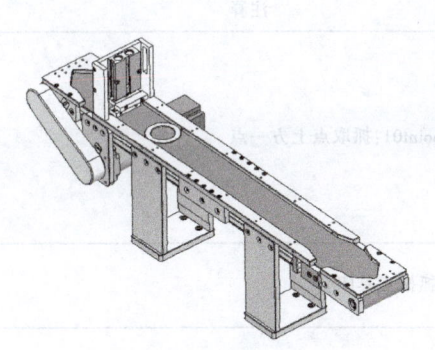

图 7-7 输送线模组

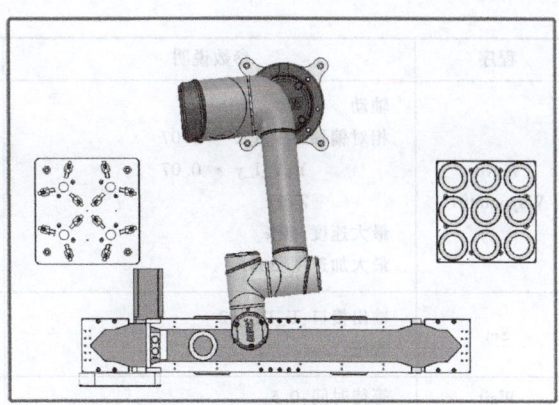

图 7-8 模组布局示意图

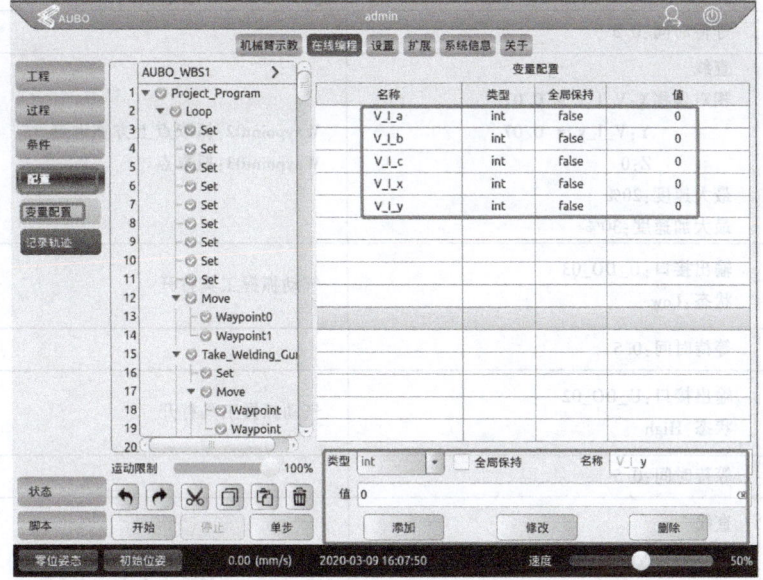

图 7-9 程序变量列表

表 7-2 搬运码垛程序示例

程序	参数说明	注释
Set	全局变量：V_I_a = 0 全局变量：V_I_b = 0 全局变量：V_I_c = 0 全局变量：V_I_x = 0 全局变量：V_I_y = 0 输出接口：U_DO_02 状态：Low 输出接口：U_DO_03 状态：Low	变量初始化
Loop	无限循环	平面料盘共有十二个物料

（续）

程序	参数说明	注释
Move Waypoint01	轴动 相对偏移X：V_I_x * 0.07 　　　　　Y：V_I_y * 0.07 　　　　　Z：0 最大速度：50% 最大加速度：50%	Waypoint01：抓取点上方一点
Set	输出接口：U_DO_02 状态：Low	气动抓握工具闭合
Wait	等待时间：0.5	
Set	输出接口：U_DO_03 状态：High	气动抓握工具闭合
Wait	等待时间：0.5	
Move Waypoint02 Waypoint03	直线 相对偏移X：V_I_x * 0.07 　　　　　Y：V_I_y * 0.07 　　　　　Z：0 最大速度：20% 最大加速度：30%	Waypoint02：抓取点上方临近点 Waypoint03：抓取点
Set	输出接口：U_DO_03 状态：Low	气动抓握工具打开
Wait	等待时间：0.5	
Set	输出接口：U_DO_02 状态：High	气动抓握工具打开
Wait	等待时间：0.5	
Move Waypoint04	直线 相对偏移X：V_I_x * 0.07 　　　　　Y：V_I_y * 0.07 　　　　　Z：0 最大速度：20% 最大加速度：30%	Waypoint04：抓取点上方一点（与 Waypoint01 点位置相同）
Set	V_I_x = V_I_x + 1	为下次抓取修改变量
If	V_I_x >= 3	判断第一排物料是否抓取完成
Set	V_I_x = 0	如果第一排抓取完成,继续从下一排第一个抓取
Set	V_I_y = V _I_y + 1	排数加 1
Move Waypoint05 Waypoint06	直线 最大速度：20% 最大加速度：30%	Waypoint05：输送线放置点上方一点 Waypoint06：输送线物料放置点
Set	输出接口：U_DO_02 状态：Low	气动抓握工具闭合
Wait	等待时间：0.5	

（续）

程序	参数说明	注释
Set	输出接口：U_DO_03 状态：High	气动抓握工具闭合
Wait	等待时间：0.5	
Move Waypoint07	直线 最大速度：20% 最大加速度：30%	Waypoint07：输送线放置点上方一点
Wait	Wait 条件：(U,DI) U_DI_00 == 1	轴承输送到位
Set	输出接口：U_DO_01 状态：High	阻挡机构，阻挡物料
Move Waypoint08 Waypoint09	直线 最大速度：20% 最大加速度：30%	Waypoint08：输送线抓取点上方一点 Waypoint09：输送线物料抓取点
Set	输出接口：U_DO_03 状态：Low	气动抓握工具打开
Wait	等待时间：0.5	
Set	输出接口：U_DO_02 状态：High	气动抓握工具打开
Wait	等待时间：0.5	
Move Waypoint10	直线 最大速度：20% 最大加速度：30%	Waypoint10 输送线抓取点上方一点（与 Waypoint08 位置相同）
Set	输出接口：U_DO_01 状态：High	阻挡机构抬起
Move Waypoint11	直线 相对偏移X：V_I_b * 0.099 　　　　 Y：V_I_b * 0.099 　　　　 Z：0 最大速度：20% 最大加速度：30%	Waypoint11：立体料盘放置位置上方一点
Move Waypoint12	直线 相对偏移X：V_I_b * 0.099 　　　　 Y：V_I_b * 0.099 　　　　 Z：V_I_c * 0.012 最大速度：10% 最大加速度：20%	Waypoint12：立体料盘放置点
Set	输出接口：U_DO_02 状态：Low	气动抓手闭合
Wait	等待时间：0.5	
Set	输出接口：U_DO_03 状态：High	气动抓手闭合

（续）

程序	参数说明	注释
Wait	等待时间：0.5	
Move Waypoint13	直线 相对偏移X：V_I_b ＊ 0.099 　　　　Y：V_I_b ＊ 0.099 　　　　Z：0 最大速度：10% 最大加速度：20%	Waypoint13：立体料盘放置位置上方一点
Set	V_I_c = V_I_c + 1	摆放位置高度值加 1
If	V_I_c >= 3	第一个料仓位置摆满三个物料
Set	V_I_c = 0	高度值清零
Set	V_I_a = V_I_a + 1	料仓位置加 1
If	V_I_a >= 2	第一排两个料仓位置均摆满
Set	V_I_a = 0	第二排第一个料仓位置
Set	V_I_b = V_I_b + 1	第二排，排数加 1
If	V_I_y >= 3 or V_I_b >= 2	立体料盘位置摆满
Break		跳出循环

4）程序编写完成后，可以新建一个工程来调用上面写好的过程文件，进行自动执行。

7.3　手动示教实训

本节主要练习机器人手动示教应用。手动示教是协作机器人的特有功能，可以通过人为拖拽机器人末端执行器，利用机器人的轨迹记录功能，实现对机器人的运动控制，具体实训步骤如下：

1）将拖动把手工具安装在机器人末端的快换装置上，将轴承物料摆放在平面料盘上。

2）将机器人运行到一个方便拖动的姿态，并新建一个空过程文件。

3）单击"**在线编程**"标签打开其页面，单击"**配置**"下的"**记录轨迹**"选项，界面如图 7-10 所示。

4）单击"**开始**"按钮后，按下力控开关，如图 7-11 所示，此时机械臂处于可拖动状态，可由另一人按想要的运行轨迹拖动机械臂，在轨迹完成后松开力控开关，并单击"**完成**"按钮，停止轨迹记录。

5）为轨迹输入名称"test"并单击"**保存**"按钮，选中轨迹文件并单击"**加载**"按钮，接着可以通过下方的"**运行**"按钮检查路径。若在轨迹开始和结尾处存在无效时间或路径，则可通过"**剪切头部**"和"**剪切尾部**"按钮进行路径裁剪，剪切位置以运行点所在位置为参考，界面如图 7-12 所示。

6）轨迹裁剪完成后，打开"**工程**"选项卡，找到之前创建的工程文件。接着在"**高级条件**"下选择"Record Track"指令，并编辑指令属性。然后选择创建的"test"轨迹文件，并单击"**确认**"按钮。保存工程并运行，如图 7-13 所示。

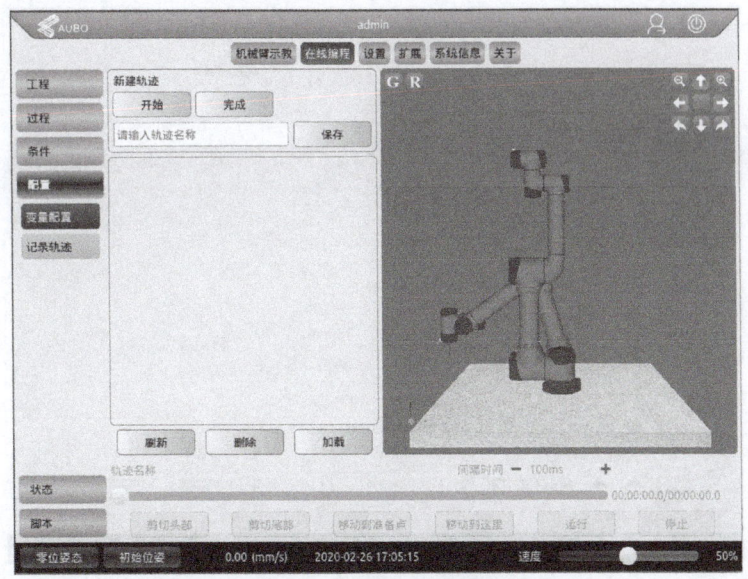

图 7-10　记录轨迹界面

力控开关

图 7-11　力控开关

力控进行机器人的表引进，可以通过用力安装在机器上上。利用机器人自身未端连接口器，来完成位置移动操作。将机器人安装固定处位置，手动拖动一段轨迹加之会合，一台机器人定时移动轨迹的操作。具体步骤如下：

1）系统进入，示体示教，选择人，端速示数镜的，来操作打开象系进行按说明示。如图 7-14 和图 7-15 所示所局的表示可以上，并连接好力控开关，如图

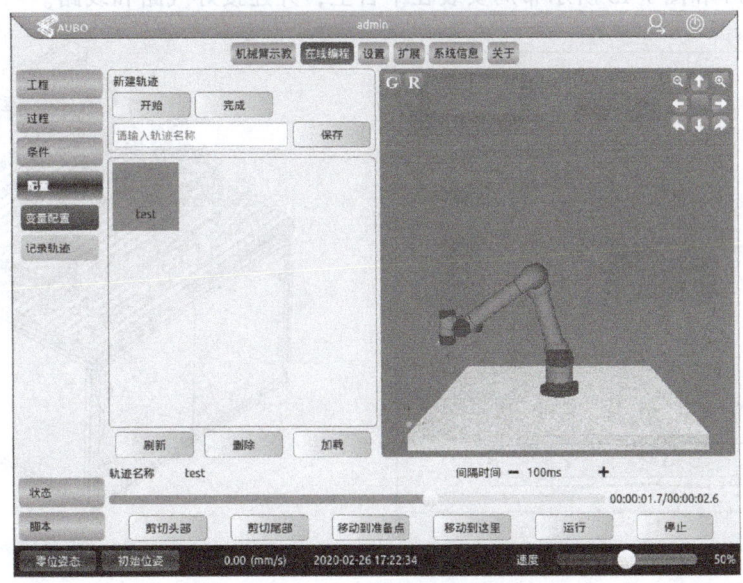

图 7-12　轨迹裁剪界面

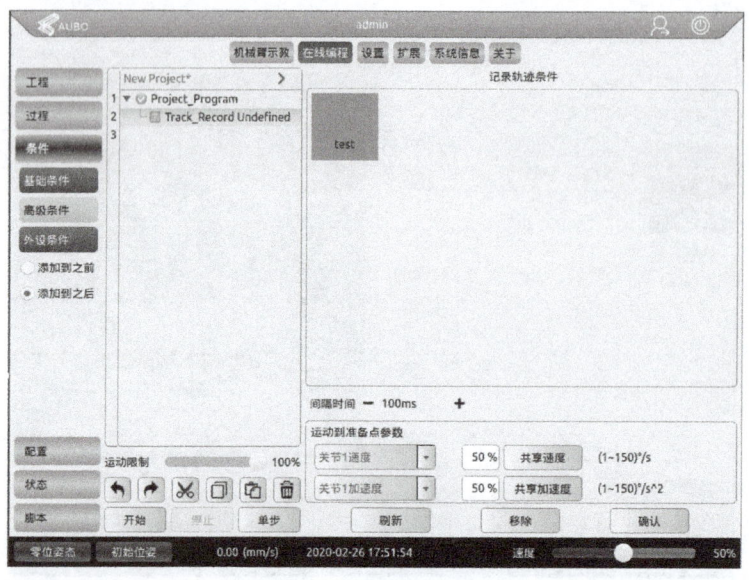

图 7-13　轨迹调用界面

7.4　多功能应用

本节进行机器人的多功能应用实训，可以将所有功能模块安装在同一实训平台上，利用机器人自动更换末端执行器，来完成所有功能。通过调用不同功能模块，将轨迹示教、码垛应用、手动示教等一系列功能整合到统一工程文件中，完成通过一台机器人实现多种功能的操作，具体步骤如下：

1）将输送线、平面料盘、立体料盘、机器人、轨迹示教模块、末端执行器等功能模块，按如图 7-14 和图 7-15 所示布局安装在平台上，并连接好气路和线路。

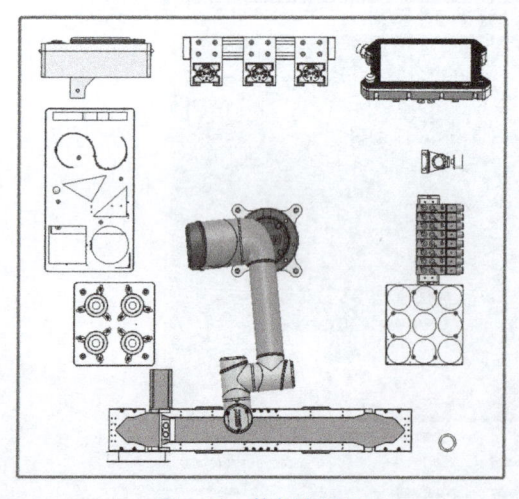

图 7-14　俯视布局图

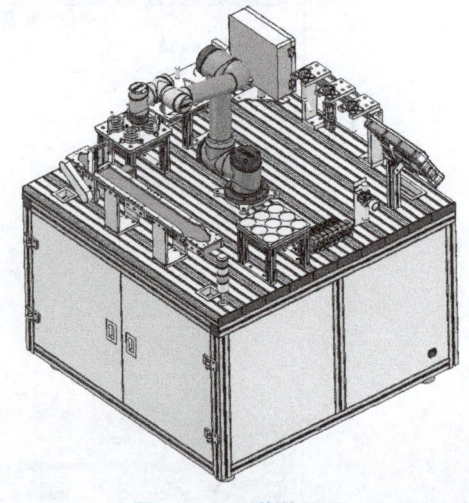

图 7-15　组装效果图

2）系统上电。首先将留在平台外侧的电源线接在 220V 三孔电源插座上，然后闭合平台内测的空气开关。左侧第一个空气开关为 PLC 供电，第二个空气开关为伺服驱动器、机器人、气站供电，如图 7-16 所示。

图 7-16 平台内部供电开关

3）启动机器人，新建工程文件，通过调用前面实训中的过程文件，把平台程序整合，完成平台的所有功能，流程如图 7-17 所示。

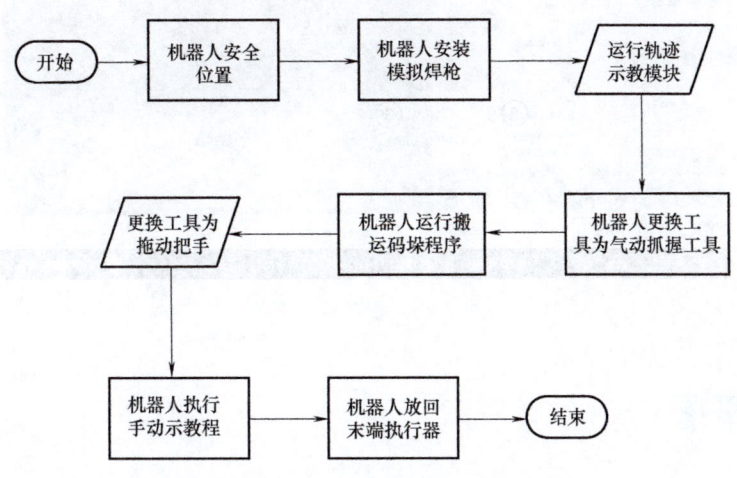

图 7-17 实训程序流程图

4）启动输送线，旋转触摸屏启动开关，启动触摸屏，长按触摸屏"**伺服上电**"按钮，听到交流接触器吸合响声，说明上电成功。单击"**正转启动**"按钮启动电动机，此时输送线启动（若输送方向与实际需求不符，则单击"**反转启动**"按钮启动电动机），屏幕界面如图 7-18 所示。

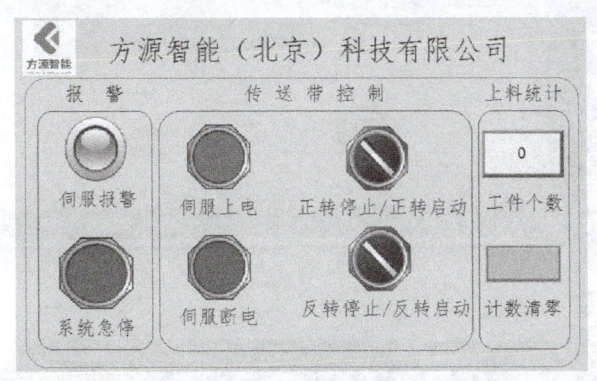

图 7-18 触摸屏界面

5）启动程序，依次单击"**在线编程**"和"**开始**"按钮；若机器人未执行程序，说明机器人上次的停止位置不在机器人启动的原点位置，需要先将机器人恢复回原点，此时只要按住"**自动移动**"按钮，机器人便会开始移动，并自动回原点。待旁边的"**手动移动**"按钮变成灰色，说明机器人回原点操作完成。此时再次单击"**启动**"按钮，机器人开始工作，如图 7-19 所示。

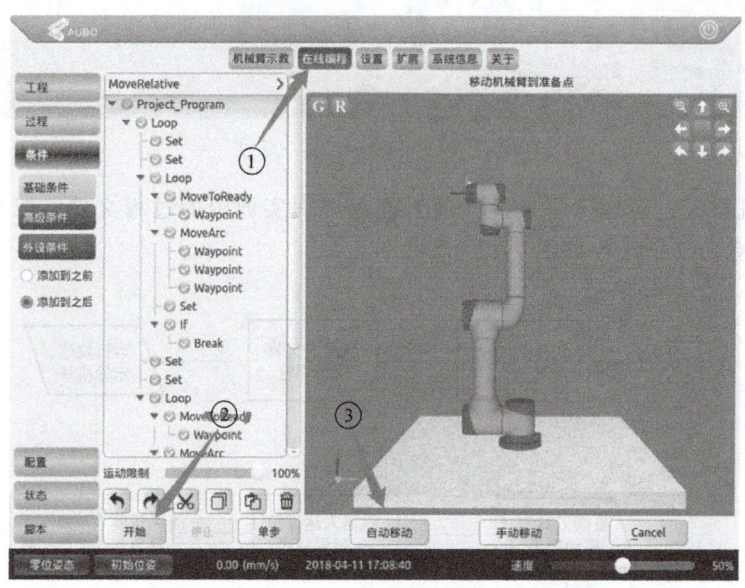

图 7-19　程序运行界面

7.5　注意事项

1）程序运行前应在机器人示教盒面板进行仿真，以减少实际运行当中出现的问题。

2）在机器人运行时，可能出现由 Waypoint 设置不合理导致的机器人速度骤增，此时如果不能及时躲避，则容易受到意外伤害。所以，在机器人运行时，操作者应在机器人本体工作范围外进行操作。

3）当 Waypoint 设置不合理时，机器人在运行过程中可能会出现如图 7-20 所示错误提

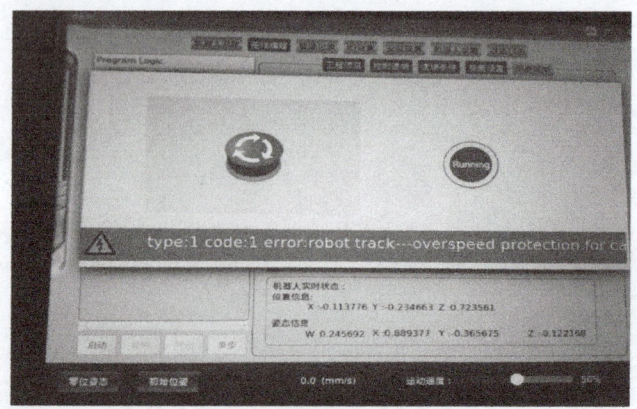

图 7-20　Waypoint 设置不合理时系统报错

示，单击"Running"按钮可恢复示教盒的操作。在"仿真模型"选项卡中，可以直接看到程序逻辑树的执行情况，并直接定位报错的 Waypoint。在修改运行出错的 Waypoint 后，可重新运行程序。

4）在机器人自动回原点的过程中，需要注意在其路径上不会碰撞到其他演示模块。若有碰撞危险，则可以采用手动方式将其移到安全位置，再长按"**自动移动**"按钮，机器人回原点。

思考与练习

7.1　试用示教盒编写程序，使机械臂沿着固定路径点（三个以上）循环运动三次。

7.2　试用示教盒编写一段程序，程序中需要使用程序等待、条件判断和跳出循环的语句。

7.3　请简述为何在程序运行前需要进行仿真试验？

第 8 章　高级编程应用

 知识目标

✓ 熟悉三种高级编程方法的应用接口。

✓ 熟练掌握脚本编程应用。

✓ 区分 Lua 和 Python 编程格式。

 技能目标

✓ 了解 Lua、Python、SDK 三种控制机器人移动的方式。

✓ 运用机器人应用脚本编程与外设进行通信。

✓ 运用 Lua 脚本全局变量与基础编程配合，编写程序。

8.1　Lua 脚本编程

8.1.1　脚本编程基础介绍

脚本编程是以一种规范的方式解决某种问题，并逐渐壮大发展成为一门语言的编程方式。目前，脚本语言有很多，如 Ruby、Python 和 Lisp 等。此外，Php 也是脚本语言。相对一般程序，脚本程序比较接近自然语言，可以不经编译而直接解释执行，有利于程序的快速开发或者一些轻量的控制。

AUBO-i 系列机器人的脚本开发使用的是目前最为流行的，并且是免费的轻量级嵌入式脚本语言 Lua。它在工业级的应用程序中被广泛应用，如 Adobe's Photoshop。此外，它在游戏程序中也被大量使用。不仅如此，由于 Lua 具备很多特殊的优点，例如语法简单（基于过程）、高效稳定（基于字节码）、可以处理复杂的数据结构以及自动内存管理（基于垃圾收集）等，因此在很多嵌入式设备和智能移动设备中，为了提高程序的灵活性、扩展性和可配置性，一般都会选择 Lua 作为它们的脚本引擎，以应对各种因设备不同而带来的差异。

AUBO-i 系列机器人可以通过示教盒的图形化界面来进行控制，也可以通过脚本进行控制。AUBO-Script 是在 Lua 基础上开发的脚本语言，支持 Lua 语言的语法，如变量类型、控制流语句和函数定义等。AUBO-Script 内置了一些函数用来检测和控制机器人的 I/O 和运动。

8.1.2　脚本编程界面

在线编程页面就包含了脚本选项卡，可以在脚本界面对脚本文件进行编辑、新建、加载及保存。注意：编辑脚本文件时，需要符合 Lua 语法，否则将无法保存脚本文件。示教盒的脚本界面如图 8-1 所示。

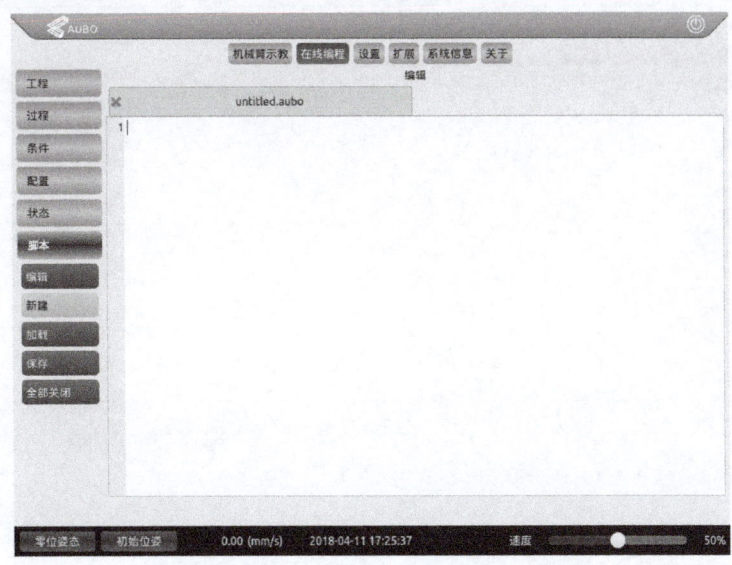

图 8-1　示教盒的脚本界面

8.1.3　Lua 脚本环境搭建

脚本的编写方式可以分为如下两种。

1）在 Windows 环境下使用 AUBO Script Editor 脚本编辑器来编写和执行脚本程序。

2）直接在示教盒上编写和执行脚本程序。

采用 AUBO Script Editor 进行脚本编程的方式，其优点在于它可以在 Windows 环境下运行，界面友好，支持中文注释，同时还可以远程控制机器人并打印查看输出结果。这种方式的缺点是 AUBORPE 升级以后，可能不支持某些函数，此时，只能进行纯脚本编程并需要外接电脑。

使用示教盒来进行脚本编程的方式，其优点在于它不需要外接电脑，全部过程都在示教盒上完成；脚本函数和 AUBORPE 同步升级，并可以与在线编程进行混合使用。这种方式的缺点是编辑界面不够友好、无法打印输出结果及调试困难。

1. 脚本编辑器编程

AUBO Script Editor 脚本编辑器的使用方法如下：

1）双击打开 AUBO Script Editor.exe 应用程序，其界面如图 8-2 所示。

2）依次单击"File"→"New"，新建一个脚本文件。

3）依次单击"Options"→"Server Config"，配置所连机器人的 IP 和端口，如图 8-3 所示。

4）单击 "Login" 按钮进行登录。登录成功后，在 Output Window 会输出信息，如图 8-4 所示。

5）在新建的脚本文件中编写程序，如图 8-5 所示。

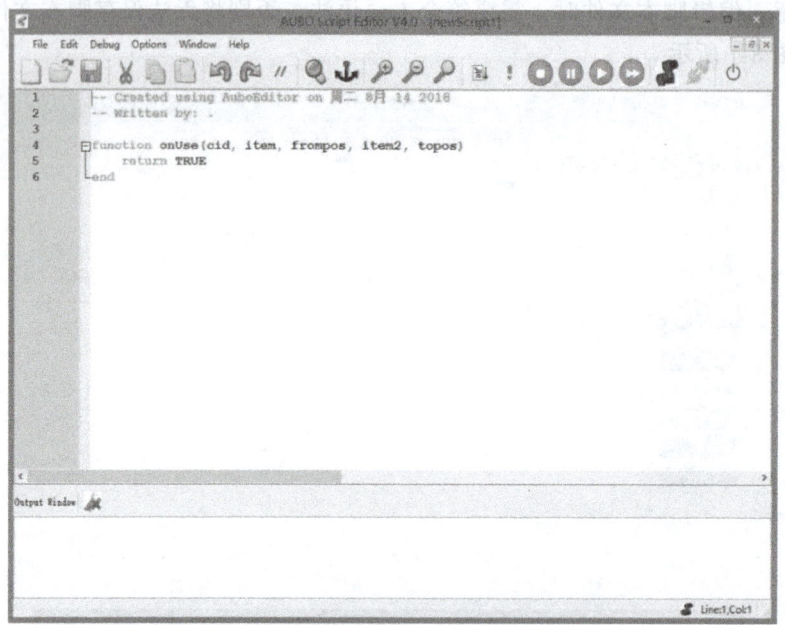

图 8-2　AUBO Script Editor 脚本编辑器界面

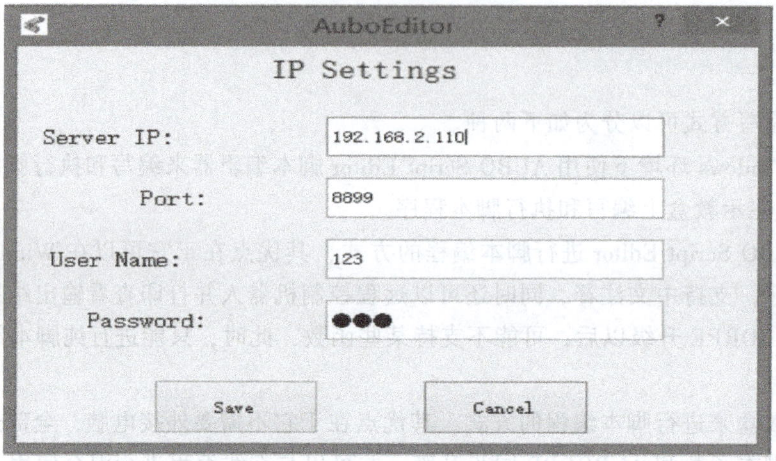

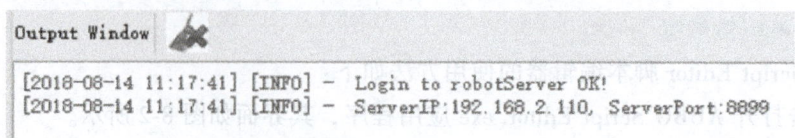

图 8-3　连接机器人的 IP 和端口配置

Output Window

```
[2018-08-14 11:17:41] [INFO] - Login to robotServer OK!
[2018-08-14 11:17:41] [INFO] - ServerIP:192.168.2.110, ServerPort:8899
```

图 8-4　登录成功的信息

6）单击 "Compile" 按钮，如果程序的语法没有问题将输出编译结果，如图 8-6 所示。

7）单击 "Run" 按钮，程序开始执行。

8）可单击 "Stop" 按钮，停止程序的运行。

```
AUBO Script Editor V4.0 - [0814]
File  Edit  Debug  Options  Window  Help
  1    -- Created using AuboEditor on 周二 8月 14 2018
  2    -- Written by: .
  3
  4    function onUse(cid, item, frompos, item2, topos)
  5        return TRUE
  6    end
  7
  8    init_global_move_profile()
  9    set_joint_maxacc({1,1,1,1,1,1})
 10    set_joint_maxvelc({1,1,1,1,1,1})
 11
 12    i = 0
 13    while (i < 5) do
 14        move_joint({0,0,0,0,0,0},true)
 15        sleep(1)
 16        move_joint({1,1,1,1,1,1},true)
 17        sleep(1)
 18        i = i + 1
 19        robotPrintf(i)
 20    end
```
```
Output Window
```
Line:19,Col:18

图 8-5   AUBO Script Editor 中编写的脚本程序

```
Output Window

[2018-08-14 11:25:42] [INFO] - Script file:C:/Users/yw/Desktop/AuboScriptEditor/projects/0814.aubo compile successfully!
```

图 8-6   程序编译成功的输出信息

9）单击  "Logout" 按钮，退出登录。

2. 示教盒编程

使用示教盒进行脚本编程的方法如下：

1）依次单击"在线编程"→"脚本"→"新建"。

2）编写程序。

3）保存脚本文件，例如命名为 "move_joint"，如图 8-7 所示。

```
move_joint.aubo
  1
  2  init_global_move_profile()
  3  set_joint_maxacc({1,1,1,1,1,1})
  4  set_joint_maxvelc({1,1,1,1,1,1})
  5
  6  i = 0
  7  while (i < 5) do
  8      move_joint({0,0,0,0,0,0},true)
  9      sleep(1)
 10      move_joint({1,1,1,1,1,1},true)
 11      sleep(1)
 12      i = i + 1
 13      print(i)
 14  end
 15
```

图 8-7   示教盒中的编写脚本程序界面

4）依次单击"工程"→"新建"→"条件"→"高级条件"→"Script"。

5）选择脚本文件，例如"move_joint"，并确认。

6）保存工程。

7）单击"开始"按钮执行工程。

8.1.4 Lua 脚本基本语法

1. 标识符

标识符就是一个名字，它可以是变量的名字，也可以是函数名。标识符由非数字开始的任意字母、数字和下划线构成。

例如：a、_abc、a_123 都是合法命名的标识符；而 1a、2b 都是不合法的标识符命名，不能使用。

另外，关键字不能用于标识符的命名，如图 8-8 所示。

and	not	or	break	return	do	then
if	else	elseif	end	true	false	for
while	repeat	until	in	function	goto	local

图 8-8 关键字

2. 常用变量类型及说明

nil：表示一个无效值，在条件表达式中相当于 false。

boolean：包含 true 和 false 两个值。

number：数字，可以是整型和浮点型。

string：字符串，由一对双引号或单引号表示。

function：用户自定义的函数

table：表格，用 {} 表示。

可以用 type() 函数查看类型。例如：

print(type(123))

会输出：string

print(type({1,1,1,1,1,1}))

会输出：table

print(type(a))——a 没有赋值

则输出：nil

3. 注释符

Lua 脚本支持两种形式的注释符：-- 和 --[[…]]。其中，-- 为单行注释符，从双横线-- 开始到行尾为注释文字；--[[…]] 为段注释符，用于编写多行注释。注释只是为了改善程序的可读性，在执行时不起作用，如图 8-9 所示。

```
1
2  --init_global_move_profile()
3  set_joint_maxacc({1,1,1,1,1,1})
4  set_joint_maxvelc({1,1,1,1,1,1})
5
6  i = 0
7  --[[
8  while (i < 5) do
9      move_joint({0,0,0,0,0,0},true)
10     sleep(1)
11     move_joint({1,1,1,1,1,1},true)
12     sleep(1)
13     i = i + 1
14     print(i)
15 end
16 ]]
17
```

图 8-9 含有注释符的程序

4. 表达式

Lua 脚本提供了两种类型的表达式：一类是算术表达式，另一类是逻辑表达式。

1）算术表达式经+、-、*、/运算得到一个 number 结果。例如：6+2-3，5 * 2/3，(2+3) * 4/(5-6)等。

2）逻辑表达式经 or、and、not 运算得到一个 boolean 结果。例如：true or false and (2 = = 3)，1>2 or 3~ = 4 or 5<-6，not 9>= 10 and 100<= 50 等。

我们对变量赋值，变量名前不需要添加类型，其类型是由第一个赋的值决定的，例如：

A = 100

bar = true

PI = 3. 1415

name = "Lily"

position = {0,0,0,0,0,0}

5. 控制流语句

（1）**If 语句** Lua 脚本中，If 语句的一般形式如下：

if（exp1）then

……

elseif（exp2）then

……

else

……

end

执行时，首先计算 exp1 表达式的值，若结果为 true，就执行后面的相应语句；若结果为 false，则计算 exp2 表达式的值。当 exp2 表达式的值为 true 时，则执行相应的语句；否则就执行 else 后面的语句。程序举例如图 8-10 所示。

（2）**While 语句** While 语句的一般形式如下：

while（exp）do

……

end

执行时，首先计算 exp 表达式的值，若结果为 true，就循环执行 do 后面的语句；若结果为 false，则循环结束。程序举例如图 8-11 所示。

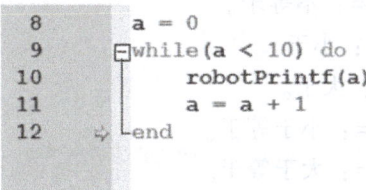

图 8-10 If 语句编程示意图　　　　　图 8-11 While 语句编程示意图

（3）**Repeat 语句** Repeat 语句的一般形式如下：

repeat

……

until(exp)

执行时，首先计算 exp 表达式的值，若结果为 false，则循环执行 repeat 后面的相应语句；否则，跳出循环。程序举例如图 8-12 所示。

（4）**For 语句**　For 语句的一般形式如下：

for init,max/min value,increment

do

……

end

For 语句的应用举例如图 8-13 所示。

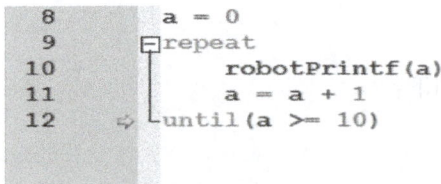

图 8-12　Repeat 语句循环示意图

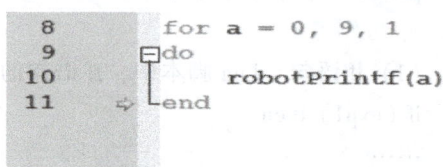

图 8-13　For 语句举例示意图

6. 操作符

（1）**数学操作符**

+：加。

-：减（二元操作符）。

*：乘。

/：除。

//：向下取整除法。

%：取模。

^：乘方。

-：取负（一元操作符）。

数学操作符编程举例如图 8-14 所示。

（2）**比较操作符**

= =：等于。

~ =：不等于。

<：小于。

>：大于。

<=：小于等于。

>=：大于等于。

（3）**逻辑操作符**

and：与。

or：或。

not：非。

逻辑操作符编程举例如图 8-15 所示。

```
8    a = 5
9    b = 2
10   robotPrintf("a + b = "..a + b)
11   robotPrintf("a - b = "..a - b)
12   robotPrintf("a * b = "..a * b)
13   robotPrintf("a / b = "..a / b)
14   robotPrintf("a // b = "..a // b)
15   robotPrintf("a % b = "..a % b)
16   robotPrintf("a ^ b = "..a ^ b)
17   robotPrintf("-a = "..-a)
```

图 8-14　数学操作符编程举例

```
14   a = true
15   b = false
16   robotPrintf("a and b = ",a and b)
17   robotPrintf("a or b = ",a or b)
18   robotPrintf("not a = ",not a)
```

图 8-15　逻辑操作符编程举例

（4）**字符串连接符** 用两个点 ".." 来表示 "12".."34" 等价于 "1234"。

（5）**取长度操作符** 用符号#来表示获取字符串的字符数或 table 包含的元素数量，编译程序举例如图 8-16 所示。

7. 自定义函数

自定义函数使用的一般形式如下：

```
function MyFunc( param )
……
end
```

自定义函数编程举例如图 8-17 所示。

```
 8       a = "abcd"
 9       b = {1,2,3,4,5}
10       robotPrintf(#a)
11    ⇨  robotPrintf(#b)
```

图 8-16 取长度操作符编译程序举例

```
 8    ☐function add(a,b)
 9           return(a + b)
10     end
11
12       c = add(2,3)
13    ⇨  robotPrintf(c)
```

图 8-17 自定义函数编程举例

8. 枚举类型

（1）**坐标系标定方法**

```
enum    CoordCalibrateMethod{
xOy,
yOz,
zOx,
xOxy,
xOxz,
yOyz,
yOyx,
zOzx,
zOzy
}
```

（2）**坐标系类型**

```
enum    CoordType{
BaseCoordinate,
EndCoordinate,
UserCoordinate
}
```

（3）**轨迹运动类型**

```
enum    MoveTrackType{
ARC_CIR,
CARTESIAN_MOVEP
}
```

（4）I/O 类型

```
enum   RobotIOType{
RobotBoardControllerDI,
RobotBoardControllerDO,
RobotBoardControllerAI,
RobotBoardControllerAO,
RobotBoardUserDI,
RobotBoardUserDO,
RobotBoardUserAI,
RobotBoardUserAO,
RobotToolDI,
RobotToolDO,
RobotToolAI,
RobotToolAO
}
```

（5）**工具 I/O 电源类型**

```
enum   ToolPowerType{
OUT_0V,
OUT_12V,
OUT_24V
}
```

9. 常用数学函数

Lua 脚本中的常用函数及其说明举例见表 8-1。

表 8-1 常用数学函数及其功能说明

函数	说 明
double cos(double f)	返回 f 弧度角的余弦
double sin(double f)	返回 f 弧度角的正弦
double tan(double f)	返回 f 弧度角的正切
double sqrt(double f)	返回 f 的平方根,如果 f<0,会报错
double r2d(double r)	返回弧度 r 转化为角度值
double d2r(double d)	返回角度 d 转化为弧度值
rpy2quaternion({oriRX,oriRY,oriRZ})	返回四元数{oriW,oriX,oriY,oriZ}
quaternion2rpy({oriW,oriX,oriY,oriZ})	返回欧拉角{oriRX,oriRY,oriRZ}

编程举例如图 8-18 所示。

10. 运动模块

```
void init_global_move_profile( void)
```

功能说明：初始化全局运动属性。

```
9    a = sqrt(64)                  -- a^2=64
10   robotPrintf("a = "..a)
11   b = log(10,1000)              -- 10^b=1000
12   robotPrintf("b = "..b)
13   c = pow(10,3)                 -- 10^3=c
14   robotPrintf("c = "..c)
15   d = ceil(2.1)                 -- 不小于2.1的最小整数
16   robotPrintf("d = "..d)
17   e = floor(3.9)                -- 不大于3.9的最大整数
18   robotPrintf("e = "..e)
19   f = r2d(3.14159265)  -- f=3.1415926*180/PI
20   robotPrintf("f = "..f)
21   g = d2r(180)                  -- g=180*PI/180
22 ⇨ robotPrintf("g = "..g)
```

图 8-18 数学函数编程举例

默认全局运动属性包括但不限于：坐标系参数、工具参数、关节速度加速度阈值、末端速度加速度阈值、交融半径、全局路点、提前到位参数等。

void set_joint_maxacc({double joint1MaxAcc,double joint2MaxAcc, double joint3MaxAcc,double joint4MaxAcc,double joint5MaxAcc,double joint6MaxAcc})

功能说明：设置六个关节的最大加速度，单位为 rad/s^2，一般在关节运动前设置。其中，joint1~joint3 的取值范围为 0~17.3；joint4~joint6 的取值范围为 0~20.7。

程序示例：set_joint_maxacc({1,1,1,1,1,1})

void set_joint_maxvelc ({double joint1MaxVelc,double joint2MaxVelc,double joint3MaxVelc, double joint4MaxVelc,double joint5MaxVelc,double joint6MaxVelc})

功能说明：设置六个关节的最大速度，单位为 rad/s，一般在关节运动前设置。其中，joint1~joint3 的取值范围为 0~2.596；joint4~joint6 的取值范围为 0~3.11。

程序示例：set_joint_maxvelc({1,1,1,1,1,1})

void set_end_maxacc(double endMaxAcc)

功能说明：设置机械臂末端的最大加速度，单位为 m/s^2，一般在末端运动前设置，如直线运动和轨迹运动时。它的取值范围为 0~2。

程序示例：set_end_maxacc(1)

void set_end_maxvelc(double endMaxVelc)

功能说明：设置机械臂末端的最大速度，单位为 m/s，一般在末端运动前设置，如直线运动和轨迹运动时。它的取值范围为 0~2。

程序示例：set_end_maxvelc(1)

void move_joint({double joint1Angle,double joint2Angle,double joint3Angle,double joint4Angle, double joint5Angle,double joint6Angle},bool isBlock)

功能说明：设置为轴动运动。当机器人运动到某个路点，该路点表示为包含六个关节角的 table，单位为 rad。此时，可设置是否阻塞，true 表示阻塞，fasle 表示非阻塞。在阻塞模式下，机械臂运动到位后才会返回数据并往下执行；而在非阻塞模式下，机械臂开始运动时就返回数据。一般情况下，建议使用阻塞模式。

程序示例：move_joint({1,1,1,1,1,1},true)

> void move_line({double joint1Angle,double joint2Angle,double joint3Angle,double joint4Angle,double joint5Angle,double joint6Angle},bool isBlock)

功能说明：设置为直线运动。当机器人运动到某个路点，该路点为包含六个关节角的table，单位为rad。阻塞模式和非阻塞模式与设置为轴动运动时相同。

程序示例：move_line({1,1,1,1,1,1},true)

> void set_relative_offset({double posOffsetX,double posOffsetY,double posOffsetZ},[1]{double oriOffsetW,doubleoriOffsetX,double oriOffsetY,double oriOffsetZ},[2]{double toolEndPosX,toolEndPosY,toolEndPosZ},{double toolEndOriW,toolEndOriX,toolEndOriY,toolEndOriZ},[3]CoordCalibrateMethodcoordCalibrateMethod,{double point1Joint1,double point1Joint2,double point1Joint3,double point1Joint4,double point1Joint5,double point1Joint6},{double point2Joint1,double point2Joint2,double point2Joint3,double point2Joint4,double point2Joint5,double point2Joint6},{double point3Joint1,double point3Joint2,double point3Joint3,double point3Joint4,double point3Joint5,double point3Joint6},{double toolEndPosXForCalibCoord,toolEndPosYForCalibCoord,toolEndPosZForCalibCoord}[4])

功能说明：设置相对偏移属性。其中的参数有如下几种情况：

1）部分为必要参数，传入的值表示的是基于参考坐标系的位置偏移量。如果不需要位置偏移，则传入{0,0,0}。

2）部分为可选参数，传入的值表示的是基于参考坐标系的姿态偏移量。如果不需要姿态偏移，则可以不传或者传入{1,0,0,0}。

3）部分为可选参数，当参考坐标系为基坐标系或用户坐标系时，无需传递该部分参数；当参考坐标系为工具坐标系时，该部分参数为必要参数；其中，{double toolEndPosX,toolEndPosY,toolEndPosZ}为工具坐标系的位置参数，{doubletoolEndOriW,toolEndOriX,toolEndOriY,toolEndOriZ}为工具坐标系的姿态参数。

4）部分为可选参数，包括坐标系标定方法、三个示教点对应的关节角及标定用户坐标系使用的工具位置参数（如果使用法兰中心，则传入{0,0,0}或者不传）。当基于基坐标系或者工具坐标系时，无需传递该部分参数；当基于用户坐标系时，该部分为必要参数。

① 设置基坐标系下的相对偏移属性时，各参数的设置如图8-19所示。

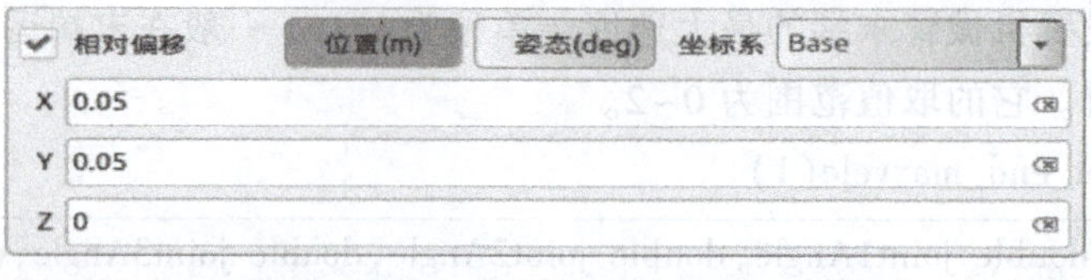

图8-19 基坐标系下的相对偏移参数设置

此时，程序语句为：

set_relative_offset({0.05,0.05,0})

② 设置工具坐标系下的相对偏移属性时，各参数的设置如图8-20所示。

此时，程序语句为：

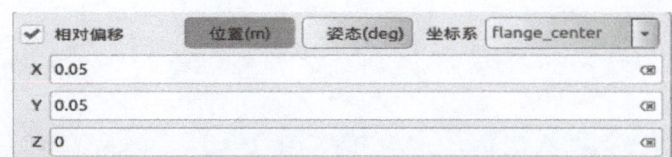

图 8-20　工具坐标系下的相对偏移参数设置

set _ relative _ offset（{ 0. 05，0. 05，0 }，{ 0. 000000，0. 000000，0. 000000 }，{ 1. 000000，0. 000000，0. 000000，0. 000000 }）

③ 设置用户坐标系下的相对偏移属性时，各参数的设置如图 8-21 所示。

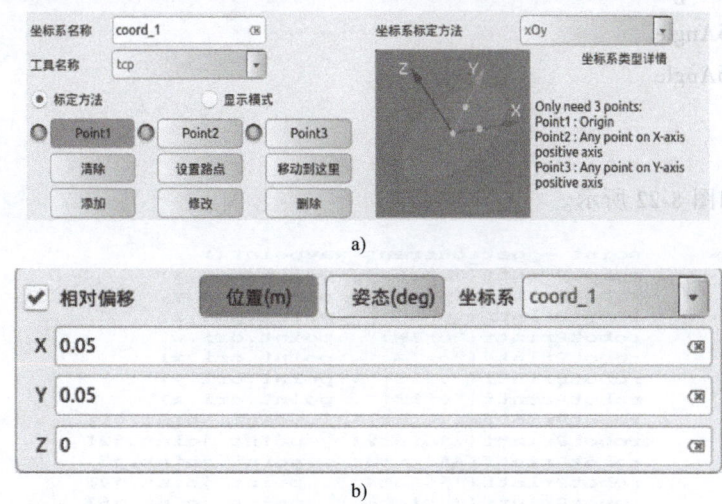

a)

b)

图 8-21　用户坐标系下的相对偏移参数设置

此时，程序语句为

set_relative _ offset（{ 0. 05，0. 05，0 }，CoordCalibrateMethod. xOy，{ − 0. 000003，− 0. 127267，− 1. 321122，0. 376934，− 1. 570796，− 0. 000008 }，{ − 0. 000004，− 0. 347513，− 1. 480267，0. 438042，− 1. 570796，− 0. 000009 }，{ − 0. 363607，− 0. 169896，− 1. 356376，0. 384316，− 1. 570793，− 0. 363612 }，{ 0. 000000，0. 000000，0. 100000 }）

get_current_waypoint（ void ）

功能说明：返回当前机械臂的实时路点。路点是一个嵌套的 table，包含位置、姿态和关节角，它的语法结构为

{

" pos " = {

" x " = posX

" y " = posY

" z " = posZ

}

" ori " = {

" w " = oriW

```
"x" = oriX
"y" = oriY
"z" = oriZ
}
"joint" = {
"j1" = joint1Angle
"j2" = joint2Angle
"j3" = joint3Angle
"j4" = joint4Angle
"j5" = joint5Angle
"j6" = joint6Angle
}
}
```

应用举例如图 8-22 所示。

```
point = get_current_waypoint()
robotPrintf("posX:"..point.pos.x)
robotPrintf("posY:"..point.pos.y)
robotPrintf("posZ:"..point.pos.z)
robotPrintf("oriW:"..point.ori.w)
robotPrintf("oriX:"..point.ori.x)
robotPrintf("oriY:"..point.ori.y)
robotPrintf("oriZ:"..point.ori.z)
robotPrintf("joint1:"..point.joint.j1)
robotPrintf("joint2:"..point.joint.j2)
robotPrintf("joint3:"..point.joint.j3)
robotPrintf("joint4:"..point.joint.j4)
robotPrintf("joint5:"..point.joint.j5)
robotPrintf("joint6:"..point.joint.j6)
```

图 8-22 返回当前机械臂的实时路点编程

get_target_pose（{double toolEndPosXOnUserCoord，toolEndPosYOnUserCoord，toolEndPosZOnUser-Coord}[1]，{double toolEndOriWOnUserCoord，toolEndOriXOnUserCoord，toolEndOriYOnUserCoord，toolEndOriZOnUserCoord}[2]，bool enableEndRotate[3]，double endRotateAngle[4]，{double toolEnd-PosX，toolEndPosY，toolEndPosZ}，{double toolEndOriW，double toolEndOriX，toolEndOriY，toolEn-dOriZ}[5]，CoordCalibrateMethodcoordCalibrateMethod，{double point1Joint1，double point1Joint2，double point1Joint3，double point1Joint4，double point1Joint5，double point1Joint6}，{double point2Joint1，double point2Joint2，double point2Joint3，double point2Joint4，double point2Joint5，double point2Joint6}，{double point3Joint1，double point3Joint2，double point3Joint3，double point3Joint4，double point3Joint5，double point3Joint6}，{double toolEndPositionForCalibCoordX，toolEndPositionForCalibCoordY，toolEndPositionForCalibCoordZ}[6]）

功能说明：给定工具坐标系在参考坐标系下的位置和姿态、末端旋转角度参数，返回求逆解后的关节角 table。其中的参数有如下几种情况：

1）部分为必要参数，表示工具坐标系在参考坐标系下的位置。

2）部分为可选参数，表示工具坐标系在参考坐标系下的姿态，如果不传该参数，则默认保持当前实时路点的姿态。

3）部分为必要参数，可设为 true 或 false。

4）部分为可选参数，当上一个参数为 true 时，本参数为必要参数。最终，joint6 会运动到该参数表示的位置；当上一个参数为 false 时，本参数无需传递。

5）部分为可选参数，表示工具坐标系的运动学参数。当坐标系基于法兰盘中心时，该参数可以不传或者传入 {0,0,0}，{1,0,0,0}。

6）部分为可选参数，表示参考坐标系。当参考坐标系为基坐标系时，该参数无需传递；当参考坐标系为用户坐标系时，该参数为必要参数。

11. 内部模块

```
void sleep(double second)
```

功能说明：延时，单位为 s。

应用举例：sleep（0.1）

```
void set_robot_io_status(RobotIOTypeioType,string name,double value)
```

功能说明：设置机械臂的 I/O 状态，同时返回 I/O 状态的值，其值为 double 型。例如设置 U_DO_00 为 1。

应用举例：set_robot_io_status(RobotIOType. RobotBoardUserDI,"U_DO_00"，1)

```
double get_robot_io_status(RobotIOTypeioType,string name)
```

功能说明：获取机械臂的 I/O 状态，单位为 s，例如获取 U_DI_00 的值。

应用举例：a = get_robot_io_status(RobotIOType. RobotBoardUserDI,"U_DI_00")

print(a)

```
variant get_global_variable(string varName)
```

功能说明：获取示教盒的全局变量值。例如通过脚本获取示教盒"变量配置"里 V_B_a 的值。

应用举例：a = get_global_variable("V_B_a")

```
void set_global_variable(string varName,variant varValue)
```

功能说明：设置示教盒全局变量值，支持 int、double 和 bool 型。

8.1.5 应用实训

例 8-1 保持当前姿态运动至基坐标系下的路点 {-0.400319，-0.121499，0.547598}，工具坐标系基于法兰中心。

解：

joint = get_target_pose({-0.400319,-0.121499,0.547598},false,{0,0,0},{1,0,0,0})

init_global_move_profile()

set_joint_maxacc({1,1,1,1,1,1})

set_joint_maxvelc({1,1,1,1,1,1})

move_joint(joint,true)

图形化设置界面如图 8-23 所示。

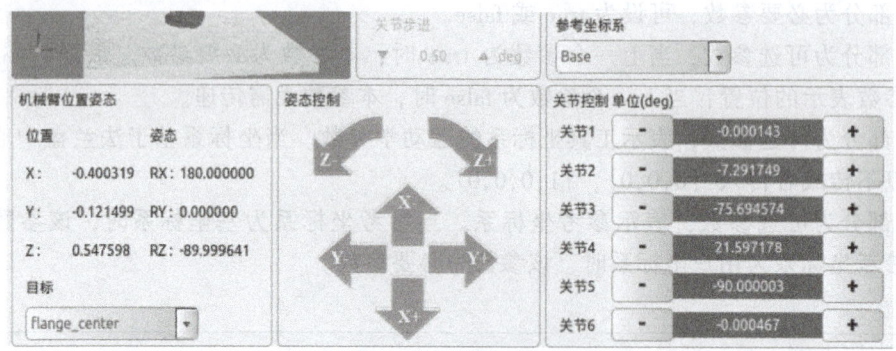

图 8-23　例 8-1 图形化设置界面

例 8-2　保持当前姿态运动至基坐标系下的路点 ｛-0.400319，-0.121499，0.547598｝，工具坐标系基于法兰中心，joint6 最终运动到 10°位置。

解：

joint = get_target_pose(｛-0.400319,-0.121499,0.547598｝,true,d2r(10),｛0,0,0｝,｛1,0,0,0｝)

init_global_move_profile( )

set_joint_maxacc(｛1,1,1,1,1,1｝)

set_joint_maxvelc(｛1,1,1,1,1,1｝)

move_joint(joint,true)

图形化设置界面如图 8-24 所示。

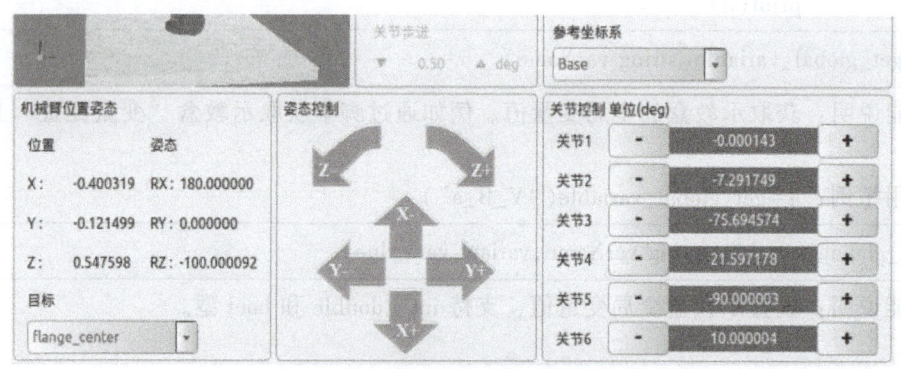

图 8-24　例 8-2 图形化设置界面

例 8-3　保持当前姿态运动到路点 ｛-0.400319，-0.121499，0.547598｝，它是 ｛0，0，0.1｝，｛1，0，0，0｝ 工具坐标系（tcp）在基坐标系下的位置。

解：

joint = get_target_pose(｛-0.400319,-0.121499,0.547598｝,false,｛0,0,0.1｝,｛1,0,0,0｝)

init_global_move_profile( )

set_joint_maxacc(｛1,1,1,1,1,1｝)

set_joint_maxvelc(｛1,1,1,1,1,1｝)

move_joint(joint,true)

图形化设置界面如图 8-25 所示。

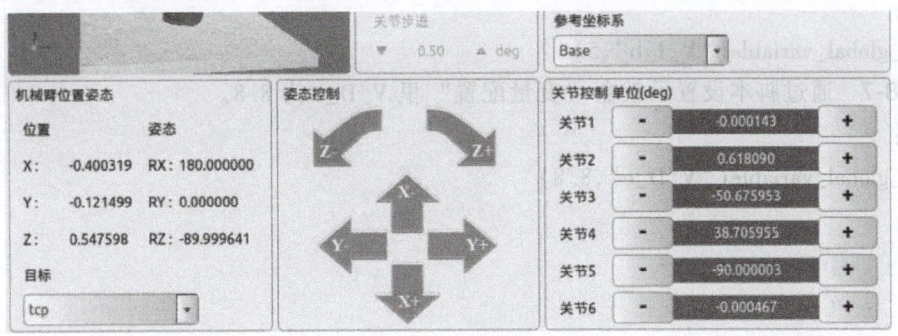

图 8-25　例 8-3 图形化设置界面

例 8-4　保持当前姿态运动到路点 {0, 0, 0.05}，它是 {0, 0, 0.1}，{1, 0, 0, 0}
工具坐标系（tcp）在 CoordCalibrateMethod. xOy，{−0.000003, −0.127267, −1.321122, 0.376934, −1.570796, −0.000008}，{−0.000004, −0.347513, −1.480267, 0.438042, −1.570796, −0.000009}，{−0.363607, −0.169896, −1.356376, 0.384316, −1.570793, −0.363612}，{0.000000, 0.000000, 0.100000}）参考坐标系（coord_1）下的位置。

解：

joint=get_target_pose({0,0,0.05},false,{0,0,0.1},{1,0,0,0},CoordCalibrateMethod. xOy, {−0.000003, −0.127267, −1.321122, 0.376934, −1.570796, −0.000008}, {−0.000004, −0.347513, −1.480267, 0.438042, −1.570796, −0.000009}, {−0.363607, −0.169896, −1.356376, 0.384316, −1.570793, −0.363612}, {0.000000, 0.000000, 0.100000})

init_global_move_profile()

set_joint_maxacc({1,1,1,1,1,1})

set_joint_maxvelc({1,1,1,1,1,1})

move_joint(joint,true)

图形化设置界面如图 8-26 所示。

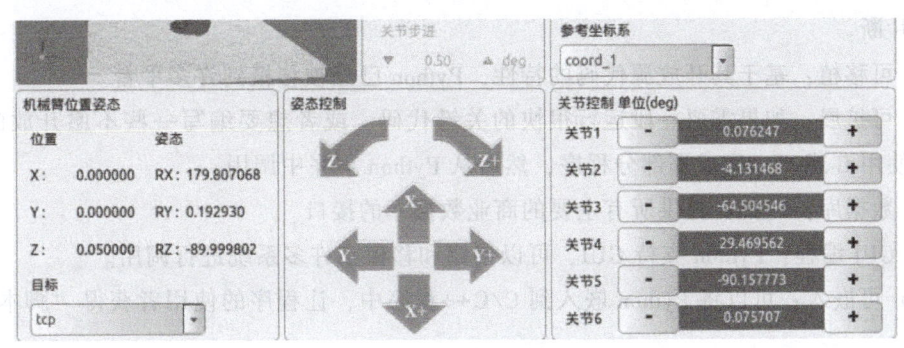

图 8-26　例 8-4 图形化设置界面

例 8-5　通过脚本设置示教盒"变量配置"里 V_B_a 为 true。

解：

set_global_variable("V_B_a",true)

例 8-6 通过脚本设置示教盒"变量配置"里 V_I_b 为 5。

解：

set_global_variable("V_I_b",5)

例 8-7 通过脚本设置示教盒"变量配置"里 V_D_c 为 8.8。

解：

set_global_variable("V_D_c",8.8)

8.2 Python 编程

8.2.1 Python 基础介绍

Python 是由 Guido van Rossum 在 20 世纪 80 年代末至 90 年代初设计出来的。Python 本身也是由诸多其他语言发展而来的，这包括 ABC、Modula-3、C、C++、Algol-68、Small-Talk、Unix shell 和一些其他的脚本语言。像 Perl 语言一样，Python 源代码同样遵循 GPL（GNU General Public License）协议。现在 Python 由一个核心开发团队在维护，Guido van Rossum 仍然起着至关重要的作用，推动其发展。Python 2.7 被确定为最后一个 Python 2.x 版本，它除了支持 Python 2.x 语法外，还支持部分 Python 3.1 语法。Python 编程具有以下特点。

1）易于学习：Python 有相对较少的关键字，结构简单；具有一个明确定义的语法，学习起来更加容易。

2）易于阅读：Python 代码的定义更清晰。

3）易于维护：Python 的源代码是相当容易维护的，这也是它成功的原因之一。

4）一个广泛的标准库：Python 的最大优势之一是丰富的库，而且是跨平台的，对UNIX、Windows 和 Macintosh 的兼容都很好。

5）互动模式：支持互动模式，可以从终端输入执行代码并获得结果，互动地测试和调试代码片断。

6）可移植：基于其开放源代码的特性，Python 已经被移植到许多平台。

7）可扩展：如果需要一段运行很快的关键代码，或者想要编写一些不愿开放的算法，则可以使用 C 或 C++ 完成那部分程序，然后从 Python 程序中调用。

8）数据库：Python 提供所有主要的商业数据库的接口。

9）GUI 编程：Python 支持 GUI，可以创建和移植到许多系统进行调用。

10）可嵌入：可以将 Python 嵌入到 C/C++ 程序中，让程序的使用者获得"脚本化"的能力。

8.2.2 Python 插件界面

Python 插件选项卡的位置如图 8-27 所示，可以在该选项卡进行编辑和文件的管理。

"New"按钮：新建 Python 文件。

"Delete"按钮：删除文件。

"Save"按钮：输入文件名称并保存文件。

"Files"按钮：显示 Python 文件列表。

"Edit"按钮：编辑 Python 文件。

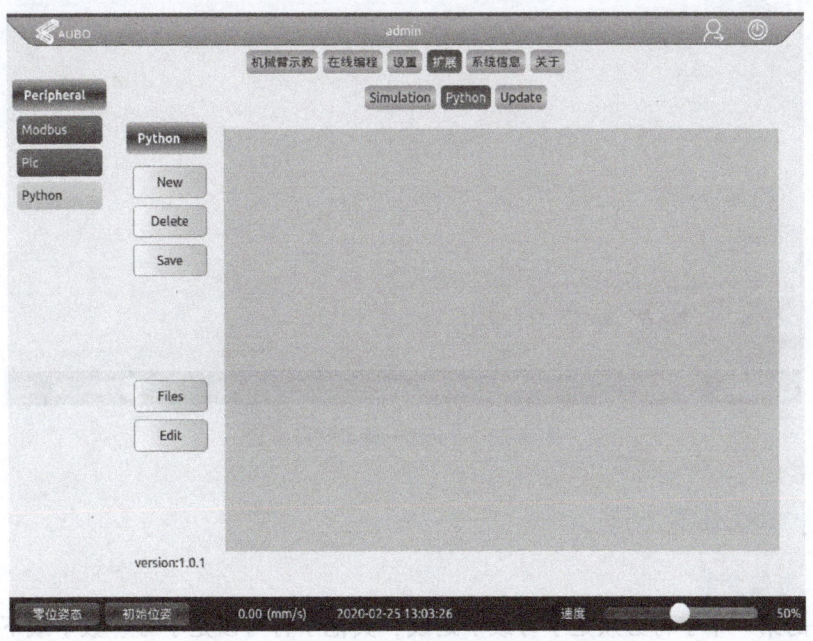

图 8-27　Python 界面

Python 脚本文件目录如图 8-28 所示，可以双击文件进行编辑。

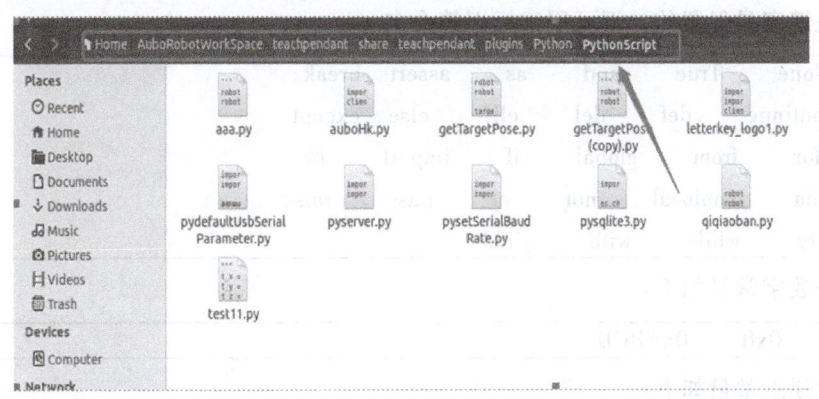

图 8-28　Python 脚本文件目录界面

在示教盒中调用 Python 脚本的方式为

script_common_interface("Python","test")

即为插件名称后跟 Python 文件名称的形式，如图 8-29 所示。

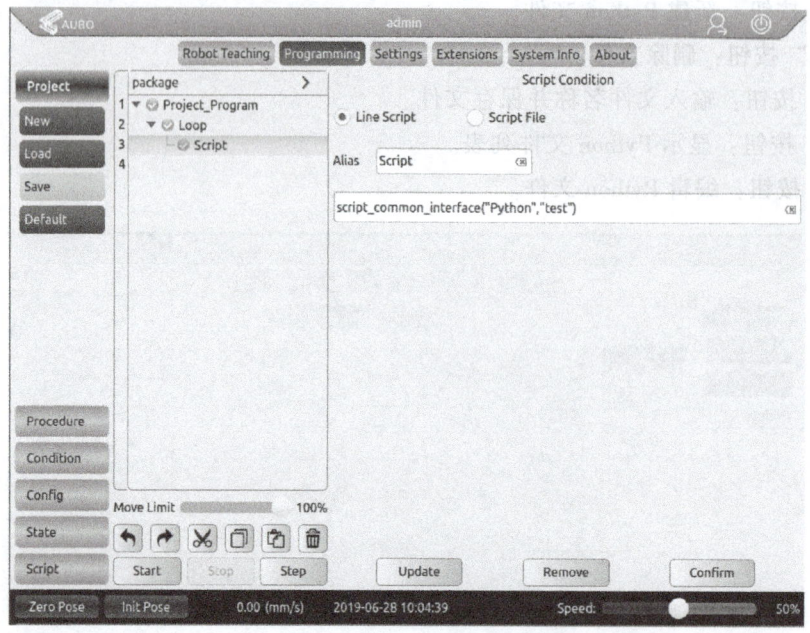

图 8-29 Python 脚本调用方式

8.2.3 Python 基本语法

1. 标识符与变量

标识符的第一个字符必须是字母或下划线，其他字符可以是字母、数字或下划线，标识符区分大小写。

合法的标识符命名如下：

a	_abc	a_123

下列关键字是保留的，不可用于标识符命名：

False	None	True	and	as	assert	break
class	continue	def	del	elif	else	except
finally	for	from	global	if	import	in
is	lambda	nonlocal	not	or	pass	raise
return	try	while	with	yield		

合法的数字常量如下：

1	123	0xff	0xABCD

合法的浮点常量如下：

1.0	3.141592	1.6e-2	100e1

使用 ' ' 或 " " 来创建字符串，例如：

```
var1 = "abcdef"
var2 = 'abcdef'
```

Python 字符串索引从 0 开始。访问字符串，可以使用 [ ] 截取，例如：

```
var1 = "hello world!"
print("var1[0]:",var1[0])
输出结果：var1[0]: h
```

列表是 Python 中最基本的数据结构，用 [ ] 表示，例如：

```
list = ["i3","i5",3,5]
```

使用下标索引来访问列表中的值，列表索引从 0 开始，例如：

```
list = ["i3","i5",3,5]
print("list[0]:",list[0])
print("list[1:3]:",list[1:3])
输出结果：list[0]: i3 list[1:3]: ['i5',3]
```

Python 元组与列表类似，不同之处在于元组元素不能被修改。元组使用 ( ) 表示，例如：

```
list = ("i3","i5",3,5)
```

2. 流程控制语句

程序的控制可以通过 if、while、for 这些控制结构来实现，在 AuboPython 中，它们的语法规则都符合通常定义，但需要注意如下几点：

1）Python 中用 elif 代替了 else if，所以 if 语句的关键字为：if-elif-else。

2）每个条件后面要使用冒号，表示接下来是满足条件后要执行的语句块。

3）使用缩进来划分语句块，相同缩进数的语句在一起组成一个语句块。

4）在 Python 中没有 switch-case 语句。

在 Python 语法中，if 的应用语句举例如下：

```
if    condition_1:
statement_block_1
elif    condition_2:
statement_block_2
else:
statement_block_3
如果 "condition_1" 为 True,将执行 "statement_block_1" 块语句
如果 "condition_1" 为 False,将判断 "condition_2"
如果 "condition_2" 为 True,将执行 "statement_block_2" 块语句
如果 "condition_2" 为 False,将执行"statement_block_3"块语句
程序示例：
weight = 6. 5
if    weight< = 3.0:
        print("Please select AUBO-i3 robot!")
elif    weight< = 5. 0:
```

```
            print("Please select AUBO-i5 robot!")
elif   weight<=7.0:
            print("Please select AUBO-i7 robot!")
elif   weight<=10.0:
            print("Please select AUBO-i10 robot!")
else:
            print("Please replace the robot!")
运行结果:
Please select AUBO-i7 robot!
```

在 Python 语法中,while 的应用语句举例如下:

```
while    condition_1:
     statement_block_1
statement_block_2
如果 "condition_1" 为 True,将循环执行 "statement_block_1" 块语句
如果 "condition_1" 为 False,将跳出循环,执行"statement_block_2" 块语句
程序示例:
count=0
while count < 5:
print(count,"小于 5")
count=count + 1
else:
print(count,"大于或等于 5")
运行结果:
0 小于 5
1 小于 5
2 小于 5
3 小于 5
4 小于 5
5 大于或等于 5
```

在 Python 语法中, for 的应用语句举例如下:

```
for<variable>in<sequence>:
  <statements>
else:
  <statements>
for 循环用来迭代序列对象的所有成员,并在迭代结束后,自动结束循环。
程序示例:
languages=["C","C++","Perl","Python"]
```

```
for x in languages：
    print(x)
运行结果：
C
C++
Perl
Python
```

3. 运算处理

（1）算数运算符

以下假设变量 a 为 10，变量 b 为 21：			
+	--加--	两个对象相加	a+b 输出结果 31。
−	--减--	得到负数或是一个数减去另一个数	a−b 输出结果−11。
*	--乘--	两个数相乘或是返回一个被重复若干次的字符串	
			a * b 输出结果 210。
/	--除--	x 除以 y	b/a 输出结果 2.1。
%	--取余--	返回除法的余数	b%a 输出结果 1。
* *	--幂--	返回 x 的 y 次幂	a * * b 为 10 的 21 次方。
//	--取整除--	向下取接近除数的整数	9//2 输出结果 4。

（2）比较运算符

以下假设变量 a 为 10，变量 b 为 20：			
= =	--等于--	比较对象是否相等	（a= =b）返回 False。
! =	--不等于--	比较两个对象是否不相等	（a! =b）返回 True。
>	--大于--	返回 x 是否大于 y	（a>b）返回 False。
<	--小于--	返回 x 是否小于 y	（a<b）返回 True。
>=	--大于等于--	返回 x 是否大于等于 y	（a>=b）返回 False。
<=	--小于等于--	返回 x 是否小于等于 y。	（a<=b）返回 True。

（3）分割字符串

```
函数 split()
程序示例：
    str = "5,i3,i5,i7,i10"
    result = str. split(',')
    print(result)
    print(result[0])
运行结果：
    ['5','i3','i5','i7','i10']
    5
```

117

（4）字符串转数字

函数 float("   ")
程序示例：

> str = "5,i3,i5,i7,i10"
> result = str. split(',')
> print(result) print(result[0])
> var = float(result[0])
> var = var * var
> print(var)

运行结果：

> ['5','i3','i5','i7','i10']
> 5
> 25.0

4. I/O 控制

机器人用户 I/O 类型：
RobotBoardUserDI = 4
RobotBoardUserDO = 5

robot. sleep(doublesecond)

功能说明：睡眠等待，单位为 s。
程序示例：robot. sleep（0.1）

robot. set_robot_io_status(RobotIOTypeioType,stringname,doublevalue)

功能说明：设置机械臂用户 I/O 状态。RobotIOTypeioType 表示 I/O 类型，stringname 表示 I/O 名称，doublevalue 表示 I/O 状态值。
程序示例：robot. set_board_io_status(5,"U_DO_00",1)

double robot. get_robot_io_status(RobotIOTypeioType,stringname)

功能说明：获取机械臂本体 I/O 状态。
程序示例：usr_status = robot. get_robot_io_status(4,"U_DI_00")
　　　　　　print(usr_status)

robot. set_tool_io_type(toolIOAddr,toolIOType)

功能说明：设置工具 I/O 类型，toolIOAddr 表示工具 I/O 地址，toolIOType 表示工具 I/O 类型。
程序示例：robot. set_tool_io_type(0,1)　　　#设置 IO0 为输出

robot. set_tool_io_status(stringtoolIOName,toolIOStatus)

功能说明：设置工具 I/O 状态，toolIOName 表示工具 I/O 名称，toolIOStatus 表示工具 I/O 状态。

程序示例：robot. set_tool_io_status（"T_DI/O_00"，0）

robot. get_tool_io_status（stringtoolIOName）

功能说明：获取工具 IO 状态，toolIOName 表示工具 I/O 名称。

程序示例：robot. get_tool_io_status（"T_DI/O_00"）

5. 运动控制

robot. init_global_move_profile（void）

功能说明：初始化全局运动属性，默认全局运动属性包括：坐标系参数、工具参数、关节速度和加速度阈值、末端速度和加速度阈值、交融半径、全局路点、提前到位参数。

程序示例：robot. init_global_move_profile（）

robot. set_joint_maxacc（［doublejoint1MaxAcc，doublejoint2MaxAcc，doublejoint3MaxAcc，doublejoint4MaxAcc，doublejoint5MaxAcc，doublejoint6MaxAcc］）

功能说明：设置关节 1~6 的最大加速度，单位为 rad/s^2。

程序示例：robot. set_joint_maxacc（［1.0，1.0，1.0，1.0，1.0，1.0］）

robot. set_joint_maxvelc（［doublejoint1MaxAcc，doublejoint2MaxAcc，doublejoint3MaxAcc，doublejoint4MaxAcc，doublejoint5MaxAcc，doublejoint6MaxAcc］）

功能说明：设置关节 1~6 的最大速度，单位为 rad/s。

程序示例：robot. set_joint_maxacc（［1.0，1.0，1.0，1.0，1.0，1.0］）

robot. set_end_maxacc（doubleendMaxAcc）

功能说明：设置机械臂末端最大加速度，单位为 m/s^2。

程序示例：robot. set_end_maxacc（1.0）

robot. set_end_maxvelc（doubleendMaxVelc）

功能说明：设置机械臂末端最大速度，单位为 m/s。

程序示例：robot. set_end_maxvelc（1.0）

robot. move_joint（［doublejoint1Angle，doublejoint2Angle，doublejoint3Angle，doublejoint4Angle，doublejoint5Angle，doublejoint6Angle］）

功能说明：轴动，单位为 rad，目标路点的六个关节角度值。

程序示例：

robot. move_joint（［−0.000003，−0.127267，−1.321122，0.376934，−1.570796，−0.000008］）

robot. move_line（［doublejoint1Angle，doublejoint2Angle，doublejoint3Angle，doublejoint4Angle，doublejoint5Angle，doublejoint6Angle］）

功能说明：直线运动，单位为 rad，目标路点的六个关节角度值。

程序示例：

robot. move_line（［−0.000003，−0.127267，−1.321122，0.376934，−1.570796，−0.000008］）

robot. set_relative_offset_on_base（［doubleposOffsetX，doubleposOffsetY，doubleposOffsetZ］，［doubleoriOffsetW，doubleoriOffsetX，doubleoriOffsetY，doubleoriOffsetZ］）

功能说明：设置基坐标系下的相对偏移属性，［doubleposOffsetX，doubleposOffsetY，doubleposOffsetZ］表示基于参考坐标系的位置偏移量，为必要参数。如果不需要位置偏移，则传递［0，0，0］。［doubleoriOffsetW，doubleoriOffsetX，doubleoriOffsetY，doubleoriOffsetZ］表示基于参考坐标系的姿态偏移量，为必要参数。如果不需要姿态偏移，则可以传递［1，0，0，0］。

程序示例：robot. set_relative_offset_on_base（［0.05,0.0,0.0］，［1.0,0.0,0.0,0.0］）

robot. get_current_waypoint（void）

功能说明：返回当前机械臂的实时路点姿态、位置、关节角度的嵌套字。

程序示例：realPoint = robot. get_current_waypoint（robot_handle）

robot. get_target_pose_on_base（［doubletoolEndPosXOnBase，doubletoolEndPosYOnBase，double toolEndPosZOnBase］，［doubletoolEndOriWOnBase，toolEndOriXOnBase，toolEndOriYOnBase，toolEndOriZOnBase］，［doubletoolEndPosX，doubletoolEndPosY，doubletoolEndPosZ］，［doubletoolEndOriW，toolEndOriX，toolEndOriY，toolEndOriZ］）

功能说明：获取根据基坐标系下指定位置、姿态、工具求逆解后的关节角度，［doubletoolEndPosXOnBase，doubletoolEndPosYOnBase，double toolEndPosZOnBase］表示基于基坐标系的工具末端位置参数，为必要参数。［doubletoolEndOriWOnBase，toolEndOriXOnBase，toolEndOriYOnBase，toolEndOriZOnBase］表示基于基坐标系的工具末端姿态参数，为可选参数，如果不传递该参数，默认保持当前实时路点姿态。［doubletoolEndPosX，doubletoolEndPosY，doubletoolEndPosZ］表示工具末端位置参数，为必要参数。［doubletoolEndOriW，toolEndOriX，toolEndOriY，toolEndOriZ］表示工具末端姿态参数，为必要参数。

注：当工具坐标系基于法兰盘中心时，工具末端参数传递［0,0,0］，［1,0,0,0］。

程序示例：

target_pose = robot. get_target_pose_on_base（［-0.4,0.3,0.4］，［0.0,0.0,0.0］，［1.0,0.0,0.0,0.0］）

robot. move_joint（target_pose）

robot. set_robot_collision_class（intcollisionClass）

功能说明：设置碰撞等级。

程序示例：robot. set_robot_collision_class（6）

robot. robot_pause（void）

功能说明：机械臂暂停运动。当且仅当机械臂处于运动状态时，才可以调用。

程序示例：robot. robot_ pause （）

robot. robot_continue（void）

功能说明：机械臂恢复运动。当且仅当机械臂处于暂停状态时，才可以调用。

程序示例：robot. robot_continue( )

6. TCP 通信

（1） socket client 通信

程序示例：

```
import socket          #客户端发送一个数据,再接收一个数据
client = socket. socket( socket. AF_INET, socket. SOCK_STREAM)
#声明 socket 类型,同时生成链接对象
host = '192. 168. 128. 10'
port = 6666
client. connect( ( host, port) )    #建立一个链接,连接到 6666 端口
while True:
    msg = 'Welcome to AUBO！'
    client. send( msg. encode('utf-8') )    #发送一条信息,Python3 只接收 byte 流
    data = client. recv( 1024)    #接收一个信息,并指定接收的大小为 1024B
    print('recv:', data. decode( ) )    #输出我接收的信息
client. close( )                    #关闭这个链接
```

（2） socket server 通信

程序示例：

```
import socket
import time
host = ''
port = 1004
serversocket = socket. socket( socket. AF_INET, socket. SOCK_STREAM)
serversocket. setsockopt( socket. SOL_SOCKET, socket. SO_REUSEADDR, 1)
#设置服务器监听端口占用时间为 1s
serversocket. bind( ( host, port) )
#监听客户端数量为 1 个
serversocket. listen( 1)
while True:
    try:
        print( " * * * * * * * * * * * * * * * * * * * * * * * * * * * * * * * *")
        clientsocket, addr = serversocket. accept( )
        print( "------------------------")
        print( "connect addr: %s" % str( addr) )
        while True:
            try:
```

```
                msg = 'hello world ！' + " \r\n"
                clientsocket. send( msg. encode('utf-8') )
                time. sleep( 2 )
        except socket. error：
                print( "clientsocket error" )
                clientsocket. close( )
                break
    except Exception：
    print( "server    error = = = = = = = = = = = = = = = = = = = = = = = = = = " )
    serversocket. close( )
    break
```

8.2.4　应用实训

例 8-8　保持当前姿态运动至基坐标系下的路点 {-0.400319，-0.121499，0.547598}，工具坐标系基于法兰中心。

解：

joint = robot. get_target_pose_on_base （[-0.400319,-0.121499,0.547598]，

[-0.0,0.0,0.0]，[1.0,0.0,0.0,0.0]）

robot. init_global_move_profile( )

robot. set_joint_maxacc([1,1,1,1,1,1])

robot. set _joint_maxvelc([1,1,1,1,1,1])

robot. move_joint(joint)

图形化设置界面如图 8-30 所示。

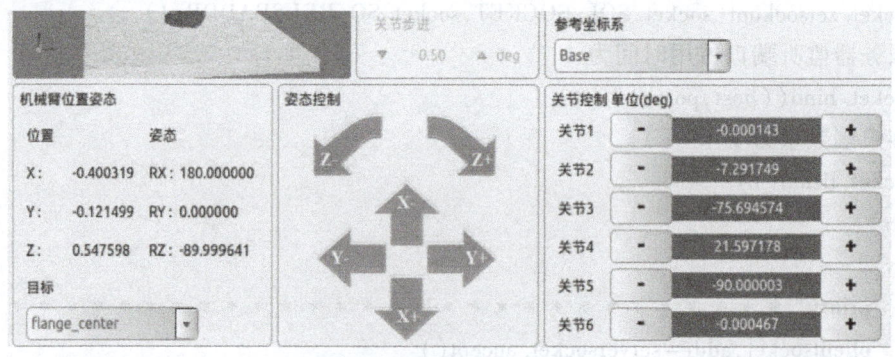

图 8-30　例 8-8 图形化设置界面

例 8-9　保持当前姿态运动至基坐标系下的路点 {-0.400319，-0.121499，0.547598}，工具坐标系基于法兰中心，绕 Z 轴旋转 10°。

解：

rpy = [robot. d2r(180) , robot. d2r(0. 0) , robot. d2r(10. 00)] ori = robot. rpy_to_quaternion(rpy)

joint = robot. get_target_pose_on_base([-0.400319,-0.121499,0.547598],ori,

[-0.0,0.0,0.0],[1.0,0.0,0.0,0.0])

robot. init_global_move_profile()

robot. set_joint_maxacc([1,1,1,1,1,1])

robot. set _joint_maxvelc([1,1,1,1,1,1])

robot. move_joint(joint)

图形化设置界面如图 8-31 所示。

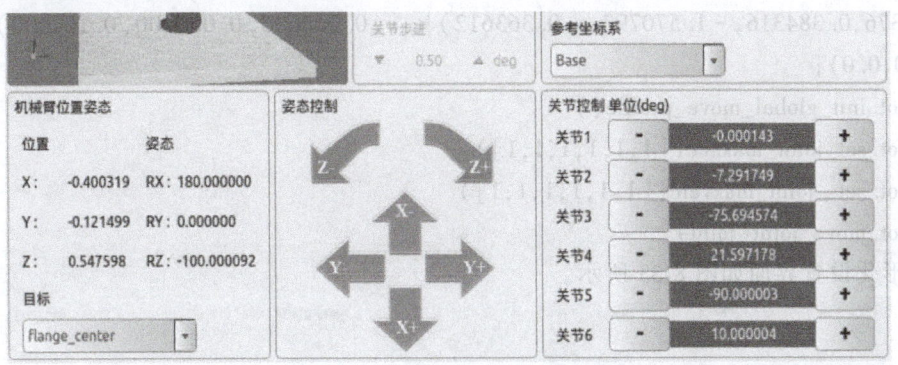

图 8-31　例 8-9 图形化设置界面

例 8-10　保持当前姿态运动到路点 {-0.400319，-0.121499，0.547598}，它是 {0，0，0.1}，{1，0，0，0} 工具坐标系（tcp）在基座标系下的位置。

解：

joint = robot. get_target_pose_on_base([-0.400319,-0.121499,0.547598],

[-0.0,0.0,0.1],[1.0,0.0,0.0,0.0])

robot. init_global_move_profile()

robot. set_joint_maxacc([1,1,1,1,1,1])

robot. set _joint_maxvelc([1,1,1,1,1,1])

robot. move_joint(joint)

图形化设置界面如图 8-32 所示。

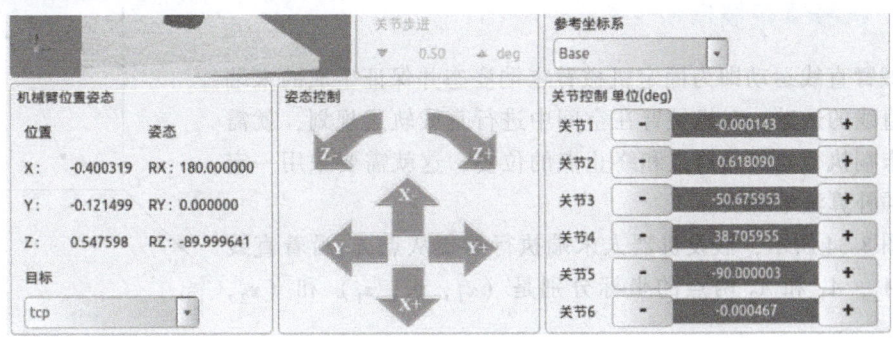

图 8-32　例 8-10 图形化设置界面

例 8-11　保持当前姿态运动到路点 {0，0，0.05}，它是 {0，0，0.1}，{1，0，0，0} 工

具坐标系在 CoordCalibrateMethod. xOy，｛−0.000003，−0.127267，−1.321122，0.376934，
−1.570796，−0.000008｝，｛−0.000004，−0.347513，−1.480267，0.438042，−1.570796，
−0.000009｝，｛−0.363607，−0.169896，−1.356376，0.384316，−1.570793，−0.363612｝，
｛0.000000，0.000000，0.100000｝）参考坐标系（coord_1）下的位置。

解：

joint = robot. get＿target＿pose＿on＿user（[0，0，0.05]，[0，0，0.1]，[1，0，0，0]，2，8，
｛（−0.000003，−0.127267，−1.321122，0.376934，−1.570796，−0.000008），（−0.000004，
−0.347513，−1.480267，0.438042，−1.570796，−0.000009），（−0.363607，−0.169896，
−1.356376，0.384316，−1.570793，−0.363612）｝，｛（0.000000，0.000000，0.100000），（1.0，
0.0，0.0，0.0）｝)

robot. init_global_move_profile( )

robot. set_joint_maxacc([1,1,1,1,1,1])

robot. set＿joint_maxvelc([1,1,1,1,1,1])

robot. move_joint(joint)

图形化设置界面如图 8-33 所示。

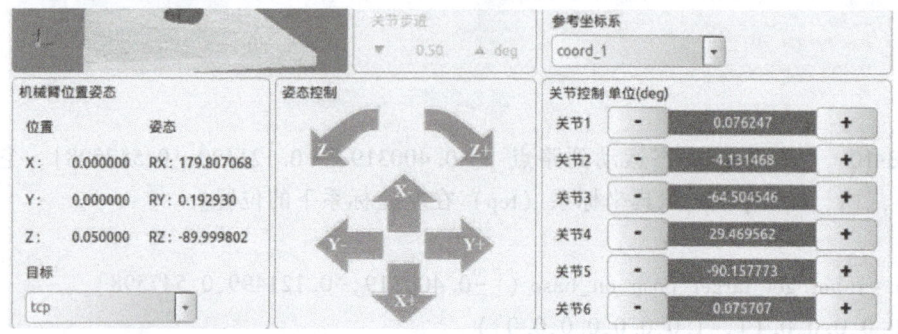

图 8-33　例 8-11 图形化设置界面

8.3　SDK 运动控制

8.3.1　机械臂直线运动

机械臂直线运动即为固定机械臂末端姿态并保证生成的末端
轨迹为直线的运动。对机械臂在空间中进行直线轨迹规划，就需
要知道末端执行器的起始点和终止点的位姿，这就需要采用一定
的直线插补算法来解决。

如图 8-34 所示，假设机器人末端执行器要从点 A_1 沿着直线
到达点 A_2，A_1 和 A_2 两点的坐标分别是（x_1，y_1，z_1）和（x_2，
y_2，z_2）。

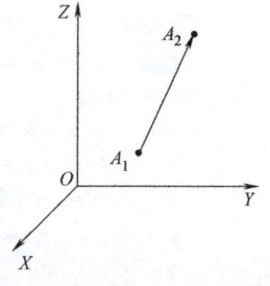

图 8-34　空间中的直线轨迹

A_1、A_2 两点，即轨迹始、末两点的距离为

$$d=\left|\overrightarrow{A_1A_2}\right|=\sqrt{(x_1-x_2)^2+(y_1-y_2)^2+(z_1-z_2)^2}\qquad(8-1)$$

若用矢量 $\overrightarrow{OA_1}$、$\overrightarrow{OA_2}$ 来表示 A_1、A_2 两点，则 $\overrightarrow{OA_1}=x_1\boldsymbol{i}+y_1\boldsymbol{j}+z_1\boldsymbol{k}$，$\overrightarrow{OA_2}=x_2\boldsymbol{i}+y_2\boldsymbol{j}+z_2\boldsymbol{k}$，则 $|\overrightarrow{A_1A_2}|$ 为

$$\overrightarrow{A_1A_2}=(x_2-x_1)\boldsymbol{i}+(y_2-y_1)\boldsymbol{j}+(z_2-z_1)\boldsymbol{k} \tag{8-2}$$

$|\overrightarrow{A_1A_2}|$ 的单位方向矢量为

$$\boldsymbol{n}=\frac{\overrightarrow{A_1A_2}}{d} \tag{8-3}$$

设插补点数为 N，则直线轨迹上任意一个插补点 A_i 为

$$\overrightarrow{OA_i}=\overrightarrow{OA_1}+\frac{|\overrightarrow{A_1A_2}|}{N+1}\cdot\boldsymbol{n}\cdot i \tag{8-4}$$

式中，$1<i\leqslant N$。

根据上述公式就可以解算出任意时刻机械臂末端执行器的位置，并保证轨迹插补点分布在一条直线上。

8.3.2　机械臂关节运动

在机械臂关节空间做轨迹规划，不用考虑末端位姿约束，只需要对关节转角进行时间平滑。最常用的关节空间轨迹平滑函数为三次多项式形式。

三次多项式的路径、速度、加速度公式为

$$\theta(t)=a_0+a_1t+a_2t^2+a_3t^3 \tag{8-5}$$

$$\dot{\theta}(t)=a_1+2a_2t+3a_3t^2 \tag{8-6}$$

$$\ddot{\theta}(t)=2a_2+6a_3t \tag{8-7}$$

为了获得一条确定的平滑运动曲线，需要对 $\theta(t)$ 添加四个约束条件，首先要给定初始值和终止值，即

$$\theta(0)=\theta_0，\quad \theta(t_{\text{end}})=\theta_f \tag{8-8}$$

然后要保证机械臂的初始和终止速度为0，即

$$\dot{\theta}(0)=0，\quad \dot{\theta}(t_{\text{end}})=0 \tag{8-9}$$

将四个约束条件带入含有四个未知量的方程中，就可以解算出方程中的 a_i。最后将 a_i 带回式（8-5）~式（8-7）就可以计算出任意时刻机械臂的关节角、角速度和角加速度值。

该算法可以保证在机械臂运动过程中，各个关节运动速度平滑且加速度连续，但是该算法仅仅适用于关节的起始角速度与终止角速度都为0的情况。

8.3.3　SDK 接口介绍

AUBO SDK 是基于 TCP/IP 网络协议实现的机械臂控制接口，接口提供了大量用于机械臂控制的方法，包括机械臂相关的数据结构、初始化、运动模块、常用算法模块、相关信息的获取与设置、I/O 模块等，SDK 提供了机械臂控制的接口类（基于 C++开发），接口类提供了一系列用于操作机械臂的方法。使用时，需要与机械臂处于同一个网络，通过机械臂的 IP 和 8899 端口，调用指定函数进行连接，具体函数接口可查询 AUBO 提供的接口说明书，

下面是本综合实训需要的函数接口的介绍。

1. 初始化机械臂控制库

rs_initialize( )

int rs_initialize(void)

返回：

RS_SUCC 表示成功，其他表示失败。

2. 创建机械臂控制上下文句柄

rs_initialize( )

int rs_create_context(RSHD * rshd)

参数：

rshd 为机械臂控制上下文句柄。

返回：

RS_SUCC 表示成功，其他表示失败。

3. 连接机械臂服务器

rs_login( )

int rs_login(RSHD rshd, const char * addr, int port)

参数：

rshd 为机械臂控制上下文句柄。

addr 为机械臂服务器的 IP 地址。

port 为机械臂服务器的端口号。

返回：

RS_SUCC 表示成功，其他表示失败。

4. 设置六个关节的最大加速度

rs_set_global_joint_maxacc( )

int rs_set_global_joint_maxacc(RSHD rshd, const JointVelcAccParam * max_acc)

参数：

rshd 为机械臂控制上下文句柄

max_acc 为六个关节的最大加速度，单位为 rad/s。

返回：

RS_SUCC 表示成功，其他表示失败。

5. 设置六个关节的最大速度

rs_set_global_joint_maxvelc( )

int rs_set_global_joint_maxvelc(RSHD rshd, const JointVelcAccParam * max_velc)

参数：

rshd 为机械臂控制上下文句柄。

max_velc 为六个关节的最大速度，单位为 rad/s。

返回：

RS_SUCC 表示成功，其他表示失败。

6. 机械臂轴动

rs_move_joint( )

```
int rs_move_joint( RSHD rshd, double joint_radian[ ARM_DOF ], bool isblock = true )
```

参数：

rshd 为机械臂控制上下文句柄。

joint_radian 为六个关节的关节角，单位为 rad。

isblock = true 代表阻塞，机械臂运动直至到达目标位置或者出现故障后返回；isblock = false 代表非阻塞，立即返回，运动指令发送成功就返回，函数返回后机械臂开始运动。

返回：

RS_SUCC 表示成功，其他表示失败。

7. 设置机械臂末端最大线加速度

rs_set_global_end_max_line_acc( )

```
int rs_set_global_end_max_line_acc( RSHD rshd, double max_acc )
```

参数：

rshd 为机械臂控制上下文句柄。

max_acc 为末端最大线加速度，单位为 m/s^2。

返回：

RS_SUCC 表示成功，其他表示失败。

8. 设置机械臂末端最大线速度

rs_set_global_end_max_line_velc( )

```
int rs_set_global_end_max_line_velc( RSHD rshd, double max_velc )
```

参数：

rshd 为机械臂控制上下文句柄。

max_velc 为末端最大线速度，单位为 m/s。

返回：

RS_SUCC 表示成功，其他表示失败。

9. 机械臂保持当前姿态直线运动

rs_move_line( )

```
int rs_move_line( RSHD rshd, double joint_radian[ ARM_DOF ], bool isblock = true )
```

参数：

rshd 为机械臂控制上下文句柄。

joint_radian 为六个关节的关节角，单位为 rad。

isblock = true 代表阻塞，机械臂运动直至到达目标位置或者出现故障后返回；isblock = false 代表非阻塞，立即返回，运动指令发送成功就返回，函数返回后机械臂开始运动。

返回：

RS_SUCC 表示成功，其他表示失败。

10. 源码分析

```c
int main( )
{
    JointVelcAccParam a; //关节速度

    a. jointPara[0] = 0.1;
    a. jointPara[1] = 0.1;
    a. jointPara[2] = 0.1;
    a. jointPara[3] = 0.1;
    a. jointPara[4] = 0.1;
    a. jointPara[5] = 0.1;
    //设置机械臂运动的轨迹点,根据自己设定的轨迹点修改
    double initPos[6] = {
        170. 165502/180 * M_PI,
        24. 734036/180 * M_PI,
        -107. 271809/180 * M_PI,
        -42. 169533/180 * M_PI,
        -90. 06073/180 * M_PI,
        170. 18793/180 * M_PI };
    if( rs_initialize( ) = = RS_SUCC)//机械臂初始化
    {
        printf("初始化成功! \n");
        RSHD rshd = RS_FAILED;
        if( rs_create_context( &rshd) = = RS_SUCC)//创建上下文控制句柄
        {
            printf("创建上下文成功! \n");
            if( rs_login( rshd,"192. 168. 1. 187",8899) = = RS_SUCC)
            {
                printf("登录机械臂服务器成功! \n");
#if 1
                //关节运动
                rs_set_global_joint_maxacc( rshd,&a);//设置最大角加速度
                rs_set_global_joint_maxvelc( rshd,&a);//设置最大角速度
                rs_move_joint( rshd,initPos,true);//开始关节运动
#else
                //直线运动
```

```
                    rs_set_global_end_max_line_acc(rshd,0.1);//设置最大线加速度
                    rs_set_global_end_max_line_velc(rshd,0.1);//设置最大线速度
                    rs_move_line(rshd,initPos,true);//开始直线运动
#endif

                    rs_logout(rshd);




                }
            }
        }
    rs_uninitialize();
}
```

8.3.4　应用实训

本实训相关源代码请在 Aubo 官网下载。

1）机械臂上电，采用示教盒控制或手动示教的方式在工作台上确定两个点。

2）记录示教盒上显示的起点和终点的关节值，如图 8-35 所示。

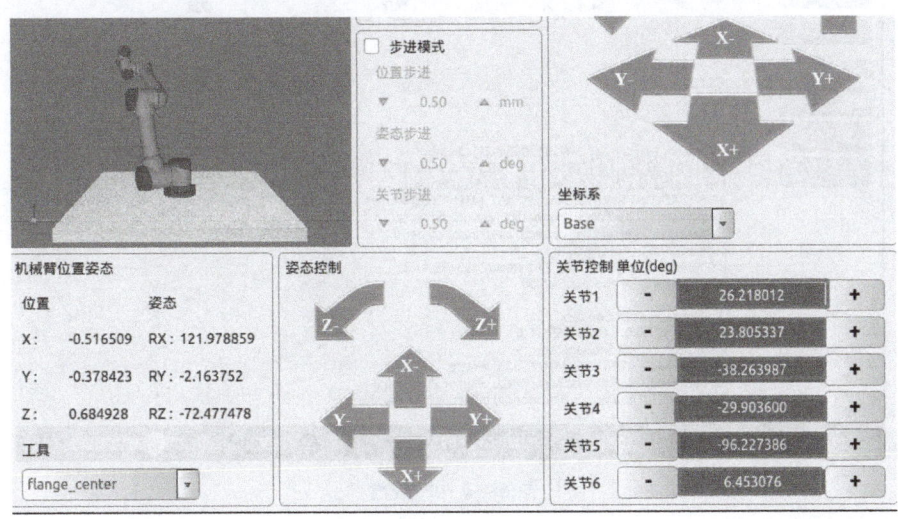

图 8-35　点位坐标值

3）用网线连接机械臂和电脑，对电脑端进行网络设置，将 IP 设置为手动输入 IP，具体输入值如下。

IP 地址：192.168.1.＊，＊为除了 2 以外的 0~255 的任意值，因为 192.168.1.2 是机械臂的默认 IP。子网掩码：255.255.255.0，如图 8-36 所示。

4）在示教盒上查询机械臂的 IP 地址。位置在"设置"→"系统"→"网络"，单击"if-config"按钮，即可查看 IP 地址，如图 8-37 所示。

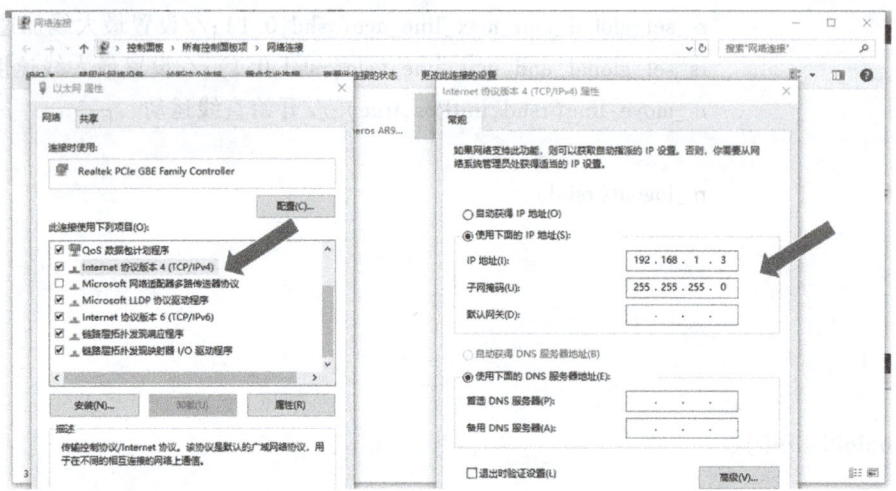

图 8-36　IP 设置

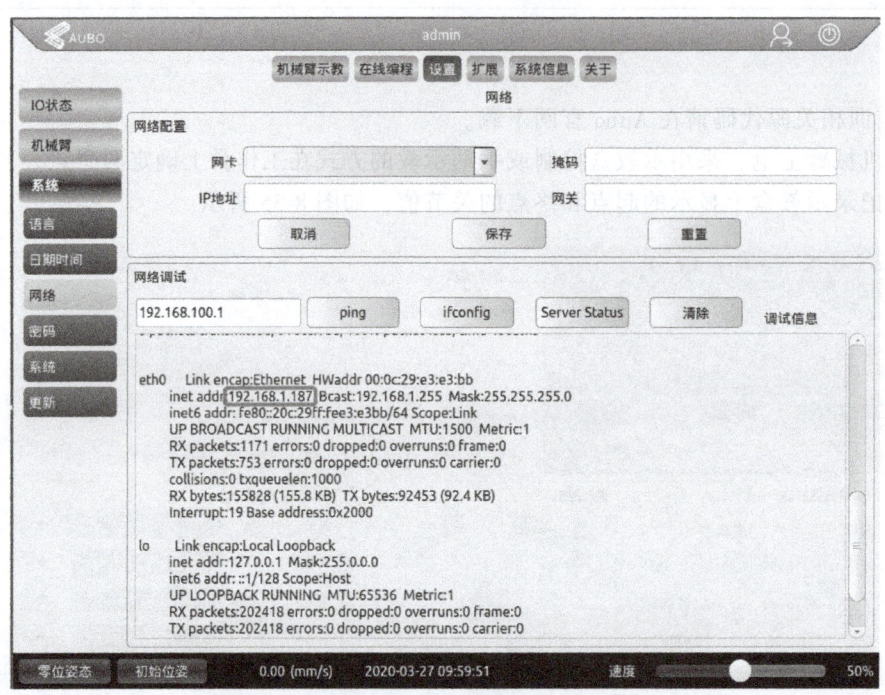

图 8-37　IP 查看

5）使用 VS 新建空项目。如图 8-38 所示，项目名称可以定义为"auboCtest"。

6）导入开发库。将"dependens"文件夹复制到项目所在目录下，如图 8-39 所示。

7）编辑工程属性。将 VC++目录下的"包含目录"和"库目录"设置为"dependens"下的对应目录，如图 8-40 所示。

8）将"链接器"下"输入"的附加依赖项设置为"libserviceinterface. lib"。如图 8-41 所示，并单击"确定"按钮进行保存。

9）在解决方案资源管理器内的源文件目录上单击鼠标右键，在弹出的菜单上选择"添

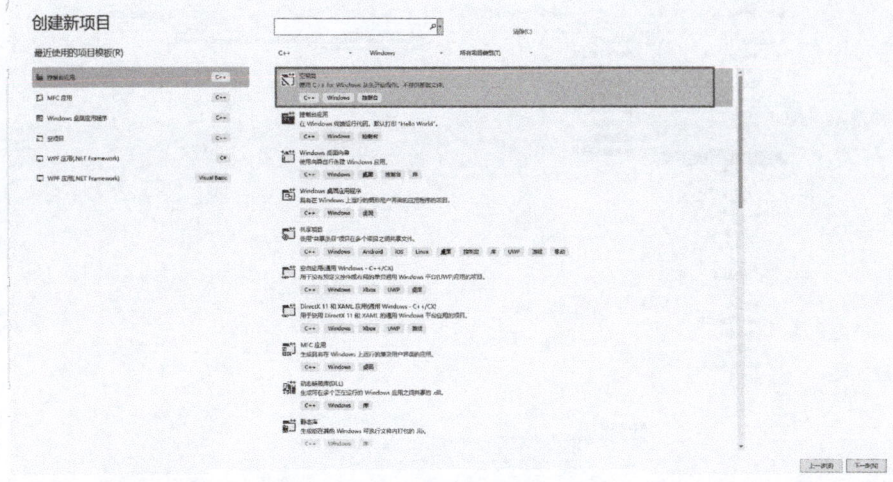

图 8-38　使用 VS 新建空项目

dependens	2020/1/14 15:35	文件夹	
auboCtest.sln	2020/1/14 15:34	Microsoft Visual...	2 KB
auboCtest.vcxproj	2020/1/14 15:38	VC++ Project	7 KB
auboCtest.vcxproj.filters	2020/1/14 15:38	VC++ Project Fil...	1 KB
auboCtest.vcxproj.user	2020/1/14 15:34	Per-User Project...	1 KB
aubotest.cpp	2020/1/14 15:50	C++ Source file	2 KB

图 8-39　导入开发库

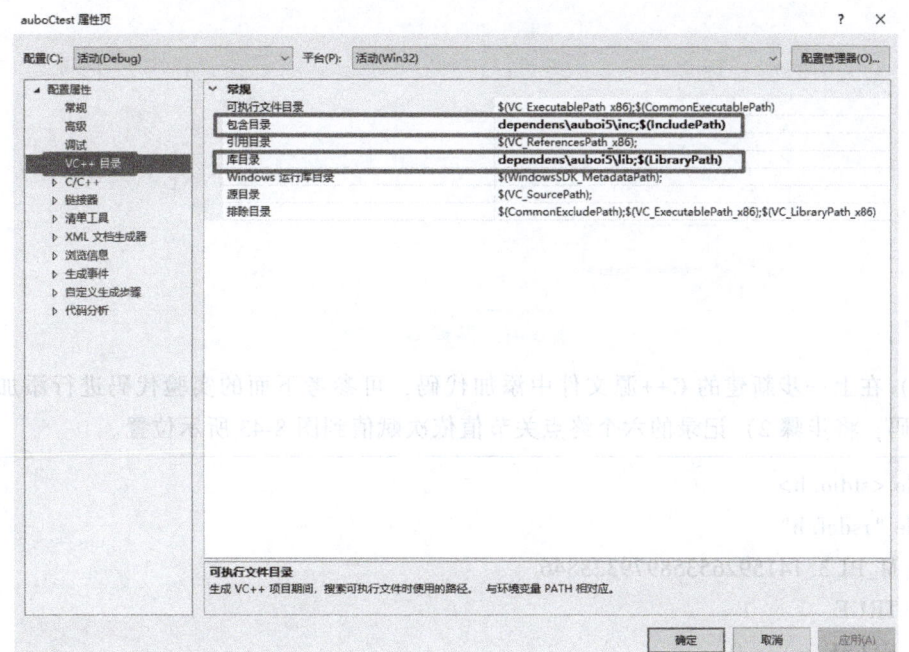

图 8-40　工程属性

加"，然后在弹出的下拉列表框选择"新建项"选项，添加一个 C++文件，修改名称后，单击"确定"按钮，如图 8-42 所示。

图 8-41　附加依赖项设置

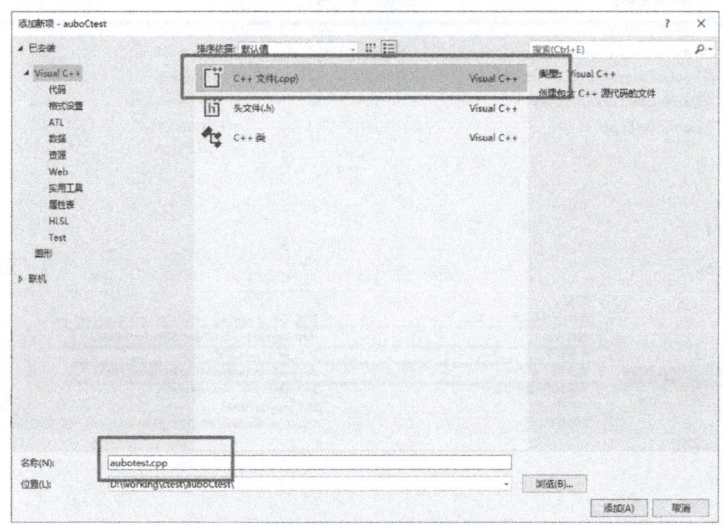

图 8-42　新建 C++文件

10）在上一步新建的 C++源文件中添加代码，可参考下面的实验代码进行添加，然后修改代码，将步骤 2）记录的六个终点关节值依次赋值到图 8-43 所示位置。

```
#include <stdio. h>
#include " rsdef. h"
#define M_PI 3. 14159265358979323846
#define TRUE        1
#define FALSE       0
int main( )
{
 JointVelcAccParam a; //关节速度
```

```c
a. jointPara[0] = 0.1;
a. jointPara[1] = 0.1;
a. jointPara[2] = 0.1;
a. jointPara[3] = 0.1;
a. jointPara[4] = 0.1;
a. jointPara[5] = 0.1;
//设置机械臂运动的轨迹点,根据自己设定的轨迹点修改
double initPos[6] = {
  170.165502/180 * M_PI,
  24.734036/180 * M_PI,
  -107.271809/180 * M_PI,
  -42.169533/180 * M_PI,
  -90.06073/180 * M_PI,
  170.18793/180 * M_PI };
if(rs_initialize() == RS_SUCC)//机械臂初始化
{
  printf("初始化成功! \n");
  RSHD rshd = RS_FAILED;
  if(rs_create_context(&rshd) == RS_SUCC)//创建上下文控制句柄
  {
    printf("创建上下文成功! \n");
    if(rs_login(rshd,"192.168.1.187",8899) == RS_SUCC)
    {
      printf("登录机械臂服务器成功! \n");
#if 1
      //关节运动
      rs_set_global_joint_maxacc(rshd,&a);//设置最大角加速度
      rs_set_global_joint_maxvelc(rshd,&a);//设置最大角速度
      rs_move_joint(rshd,initPos,TRUE);//开始关节运动
#else
      //直线运动
      rs_set_global_end_max_line_acc(rshd,0.1);//设置最大线加速度
      rs_set_global_end_max_line_velc(rshd,0.1);//设置最大线速度
      rs_move_line(rshd,initPos,TRUE);//开始直线运动
#endif
      rs_logout(rshd);

    }
```

```
    }
  }
rs_uninitialize ( ) ;
}
```

```
double initPos[6] = {
    170.165502  / 180 * M_PI,
    24.734036   / 180 * M_PI,
    -107.271809 / 180 * M_PI,
    -42.169533  / 180 * M_PI,
    -90.06073   / 180 * M_PI,
    170.18793   / 180 * M_PI };
```

图 8-43　目标点信息

11）将查询到的机械臂 IP 地址，可在如图 8-44 所示位置进行修改。

```
if (rs_create_context(&rshd) == RS_SUCC)//创建上下文控制句柄
{
    printf("创建上下文成功!\n");
    if (rs_login(rshd, "192.168.1.187", 8899) == RS_SUCC)
    {
        printf("登录机械臂服务器成功!\n");
```

图 8-44　IP 连接设置

12）程序默认采用关节运动方式，单击"本地 Windows 调试器"按钮运行程序，如图 8-45 所示，如缺少 libserviceinterface.dll 库，可将"dependens/dll"目录下的文件复制到工程的运行目录，即可观察到机械臂的关节运动。

图 8-45　运行程序

13）将图 8-46 所示位置的 1 改为 0，重新编译运行，即可使机械臂进行直线运动。

```
        printf("创建上下文成功!\n");
        if (rs_login(rshd, "192.168.1.187", 8899) == RS_SUCC)
        {
            printf("登录机械臂服务器成功!\n");

            //关节运动
            rs_set_global_joint_maxacc(rshd, &a);//设置最大角加速度
            rs_set_global_joint_maxvelc(rshd, &a);//设置最大角速度
#if 1
```

图 8-46　修改运动属性

思考与练习

8.1 请思考并列出十种以上 Lua 脚本中的关键字。

8.2 流程控制包含哪些语句？Python 编程中做流程控制要注意哪些内容？

8.3 请依据本章内容思考如何获取机械臂的 I/O 状态？

参 考 文 献

［1］龚仲华. 工业机器人从入门到应用 ［M］. 北京：机械工业出版社，2018.

［2］张明文，王璐欢. 智能协作机器人入门实用教程 ［M］. 北京：机械工业出版社，2019.

［3］郭洪红. 工业机器人技术 ［M］. 西安：西安电子科技大学出版社，2017.